# Das Schwungrad

*Jim Collins* ist ein international renommierter und gefragter Managementvordenker. Der ehemalige McKinsey-Berater gründete 1995 sein Managementzentrum in Boulder, Colorado, das langfristige Forschungsprojekte zu den Management-Grundsätzen von Spitzenunternehmen sowie Seminare für Führungskräfte durchführt. Seine Bücher wurden internationale Bestseller.

Jim Collins

# Das Schwungrad

## Eine Begleitschrift zu »Der Weg zu den Besten«

Aus dem Englischen von
Martin Baltes und Fritz Böhler

Campus Verlag
Frankfurt / New York

Die englische Originalausgabe erschien 2019 bei Harper Business unter dem Titel
*Turning the Flywheel. A Monograph to Accompany Good to Great.*

ISBN 978-3-593-51410-9 Print
ISBN 978-3-593-44466-6 E-Book (PDF)
ISBN 978-3-593-44465-9 E-Book (EPUB)

1. Auflage 2020


Umschlaggestaltung: Hißmann, Heilmann, Hamburg
Satz: Publikations Atelier, Dreieich
Gesetzt aus der Sabon und der Neuen Helvetica
Druck und Bindung: Beltz Grafische Betriebe GmbH, Bad Langensalza
Printed in Germany

www.campus.de

Für meine Brüder im Geiste –
ihr wisst, wer gemeint ist.
In Vertrauen, Liebe
und ewiger Freundschaft

# Inhalt

**Wie Sie das Schwungrad auf Touren bringen** . . . . . . . . . . . . . . . . . . . . . . . 9

Die Nachhaltigkeit des Schwungrads der Besten . . . . . . . . . . . . . . . . . . . . . . . . . . 19

Schritt für Schritt zum eigenen Schwungrad . . 25

Nicht nur für CEOs . . . . . . . . . . . . . . . . . . . . . . . 32

Praxis und Innovation – die Erneuerung des Schwungrads . . . . . . . . . . . 42

Wie man das Schwungrad vergrößert . . . . . . . 49

Bleib beim Schwungrad – und lerne von gefallenen Helden . . . . . . . . . . . 57

Das Urteil der Geschichte . . . . . . . . . . . . . . . . . 64

**ANHANG** . . . . . . . . 67

**Das Schwungrad in einem übergeordneten Rahmen** . . . . . . . . 67

Stadium 1: Disziplinierte Menschen . . . . . . . . 71

*Erst wer … dann was – Holen Sie die richtigen Mitarbeiter an Bord* . . . . . . . . 72

Stadium 2: Diszipliniertes Denken . . . . . . . . 73

*Der Realität ins Auge blicken – das Stockdale-Paradox* . . . . . . . . 73

*Das Igel-Prinzip* . . . . . . . . 74

Stadium 3: Diszipliniertes Handeln . . . . . . . . 75

*20-Meilen-Marsch* . . . . . . . . 75

*Erst (kleine) Geschosse, dann Kanonenkugeln* . . 76

Stadium 4: Am stetigen Erfolg bauen . . . . . . . . 77

*Uhrmacher, nicht Zeitansager* . . . . . . . . 78

*Den Kern bewahren/ die Weiterentwicklung fördern* . . . . . . . . 79

Verzehnfacher . . . . . . . . 80

Die Erträge von Größe . . . . . . . . 81

*Spitzenresultate* . . . . . . . . 81

*Unverwechselbare Wirkung* . . . . . . . . 82

*Nachhaltige Leistung* . . . . . . . . 82

**Anmerkungen** . . . . . . . . 85

**Über den Autor** . . . . . . . . 91

# Wie Sie das Schwungrad auf Touren bringen

*»Schönheit entsteht nicht durch Dekor, sondern strukturelle Kohärenz.«*

*Pier Luigi Nervi*[1]

Im Herbst 2001, als *Der Weg zu den Besten* zum ersten Mal auf den Markt kam, lud mich Amazon.com zu einer lebhaften Diskussion mit Gründer Jeff Bezos und einigen seiner Kollegen aus dem Führungsteam ein. Wir erlebten gerade live, wie die Dotcom-Blase platzte, und viele fragten sich, wie (oder ob) Amazon sich davon erholen würde und ob es sich als großes Unternehmen durchsetzen könnte. Ich erläuterte dem Amazon-Team den »Schwungradeffekt«, den wir durch unsere Forschung entdeckt hatten. Die erfolgreiche Transformation von einem guten zu einem exzellenten Unternehmen ist nicht das Ergebnis eines klar beschreibbaren Drehbuchs, eines großartigen Programms, einer einzigen Killerinnovation, eines einsamen Glücksbringers oder eines Wunders. Vielmehr fühlt sich die Transformation an, als würde man ein riesiges, schweres Schwungrad drehen. Wenn du mit viel Anstrengung drückst, bringst du das Schwungrad zentimeterweise voran. Du drückst weiter, und mit größter Mühe schaffst du schließlich eine ganze Umdrehung. Du hörst nicht auf. Du drückst weiter. Das Schwungrad bewegt sich etwas schneller. Zwei Umdrehungen … dann vier … dann acht … das Schwungrad erzeugt selbst Schwung … sechzehn … zweiunddreißig … schneller … tausend … zehntausend … hunderttausend … Und dann, an irgendeinem Punkt: der Durchbruch! Jetzt dreht sich das Schwungrad wie von alleine weiter.

Sobald Sie richtig verstanden haben, wie Sie das Schwungrad *unter den besonderen Umständen Ihres Unternehmens* auf Touren bringen (genau darum geht es in diesem Text), und dieses Verständnis mit Kreativität und Disziplin umsetzen, verfügen Sie über die Macht der strategischen Kumulation. Jede Umdrehung baut auf der vorherigen auf. Sie treffen eine Reihe guter Entscheidungen und führen diese exzellent aus. Alles baut aufeinander auf und verstärkt sich wechselseitig. So entsteht Exzellenz.

Das Amazon-Team übernahm das Schwungradkonzept und definierte einen Antrieb, der das Unternehmen bis heute am Laufen hält. Von Anfang an war Bezos von der Idee besessen, mit Amazon immer mehr Nutzen für immer mehr Kunden zu schaffen. Das ist eine mächtige, inspirierende Motivation –

vielleicht sogar ein hehres Ziel –, aber der komparative Vorteil lag nicht in der »guten Absicht«, sondern darin, dass Bezos und sein Team diese Absicht in eine Endlosschleife verwandelten. Wie Brad Stone später in *Der Allesverkäufer* schrieb, »entwarfen Bezos und sein Team ihren eigenen virtuosen Zyklus, von dem sie überzeugt waren, dass er ihr Geschäft antrieb. Dieser Zyklus ging ungefähr so: Niedrigere Preise führen zu mehr Kundenbesuchen. Mehr Kunden erhöhen das Umsatzvolumen und locken mehr provisionszahlende Drittanbieter auf die Website. Das ermöglicht es Amazon, mehr aus den Fixkosten für Logistikzentren und Server herauszuholen, die für den Betrieb der Website nötig sind. Die gesteigerte Effizienz ermöglicht Amazon wiederum, die Preise weiter zu senken. Kümmern wir uns intensiv um jeden Schritt dieses Schwungrades, so ihre Argumentation, wird die Drehzahl steigen.« Und so drehte sich das Schwungrad und baute ein immer höheres Drehmoment auf. Treiben Sie das Schwungrad an; erhöhen Sie die Frequenz. Dann wiederholen Sie. Bezos, so Stone weiter, betrachtete die Anwendung des Schwungradkonzepts als das »Geheimrezept« von Amazon.[2]

Ich habe eine Skizze des elementaren Amazon-Schwungrads in der nachfolgenden Grafik festgehalten. (Hinweis: Verteilt über den gesamten Text habe ich Skizzen einzelner Schwungräder eingefügt, um die

Grundidee zu illustrieren. Um Irrtümern vorzubeugen, möchte ich betonen, dass diese Skizzen immer meine eigene Perspektive auf die Schwungräder der Fallbeispiele abbilden. Die Verantwortlichen in den Unternehmen, die diese Schwungräder gebaut haben, würden sie vermutlich detaillierter darstellen, als ich das tue. Nutzen Sie diese Zeichnungen, um die Idee des Schwungrads leichter zu verstehen, und lassen Sie sich von ihnen beim Bau Ihres eigenen Schwungrads inspirieren.)

**Amazon.com-Schwungrad**

Achten Sie auf die unerbittliche Logik. Gehen Sie im Kopf mehrmals die Stationen des Amazon-Schwungrads durch, und Sie werden geradezu in die Dynamik hineingezogen. Jeder Schritt des Schwungrads bereitet die jeweils folgenden vor. Man wird geradezu vom Loop mitgerissen.

Bezos und sein Team hätten während des Platzens der Dotcom-Blase in Panik geraten können. Sie hätten sich vom Schwungradprinzip abwenden können und wären vielleicht dem erlegen, was ich in *Der Weg zu den Besten* als Teufelskreis beschrieben habe. Wenn Unternehmen in den Teufelskreis geraten, reagieren sie auf schlechte Ergebnisse ohne jede Disziplin. Sie greifen nach einer Erlösungsformel, einem Programm, einer Modeerscheinung, einer Eingebung oder einer neuen Ausrichtung – nur, um noch schlechtere Ergebnisse zu erwirtschaften. Dann reagieren sie wieder ohne Disziplin, was zu noch schlechteren Ergebnissen führt. Stattdessen hat sich Amazon voll und ganz auf sein Schwungrad konzentriert und dann innerhalb dieses Schwungrads aggressiv Innovationen vorgenommen, um die Drehzahl zu steigern. Amazon überlebte nicht nur, sondern schaffte es sogar, als eines der erfolgreichsten und langlebigsten Unternehmen aus der Dotcom-Ära hervorzugehen. Im Laufe der Zeit hat Amazon das Schwungrad weit über eine einfache E-Commerce-Website hinaus weiterentwickelt und es mit Technologiebeschleunigern wie künstlicher Intelligenz und maschinellem Lernen aufgerüstet. Aber: Die gesamte Zeit über blieb die zugrunde liegende Schwungradarchitektur weitgehend intakt, sodass eine kundenorientierte Kumulationsmaschine entstand, die viele der weltgrößten Unternehmen fürchten.

> Unterschätzen Sie niemals die Macht eines großen Schwungrads, besonders dann nicht, wenn es über lange Zeit hinweg eine kumulative Dynamik aufbaut. Wenn Sie ihr Schwungrad einmal richtig definiert haben, müssen Sie es über Jahre und Jahrzehnte hinweg erweitern und erneuern, Entscheidung für Entscheidung, Umsetzung für Umsetzung, Umdrehung für Umdrehung. Jede Umdrehung leistet einen Beitrag zur kumulierten Wirkung. Aber um das optimal hinzubekommen, müssen Sie verstehen, wie sich *Ihr eigenes Schwungrad* dreht. Ihr Schwungrad wird mit fast hundertprozentiger Wahrscheinlichkeit nicht mit dem von Amazon übereinstimmen. Aber es sollte ebenso einfach und seine Logik gleichermaßen bestechend sein.

Jahre sind vergangen, seit *Der Weg zu den Besten* erschienen ist. In dieser Zeit habe ich mit einer Reihe von Führungsteams genau dasselbe Experiment durchgeführt wie mit den Leuten von Amazon. Einige von diesen Teams besuchten uns in unserem Managementlabor in Boulder, Colorado. Es ist Teil des »Der Weg zu den Besten«-Projekts. Ich beobachtete die Teams, wie sie ihre Schwungräder bauten, und es kam mir vor, als würde ich ihnen beim Zusammensetzen eines Puzzles zusehen. Sie breiteten die einzelnen Teile vor sich aus, und dann fingen sie an, sie herumzuschieben. Währenddessen diskutierten und stritten sie. Es war ein konzentrierter mentaler Prozess, an dessen Ende sie ihr Schwungrad zusammengebaut haben wollten. Was sind die wesentlichen Schritte? Welche Schritte kommen zuerst, welche danach? Warum? Wie kriegen wir den Kreislauf geschlossen? Haben wir vielleicht zu viele Elemente? Fehlt etwas? Haben wir Belege dafür, dass das auch in der Praxis funktioniert? Nach und nach zeichnete sich ihr eigenes Schwungrad ab. Und als es plötzlich Klick machte, war es genauso, wie wenn die letzten Teile eines Puzzles sich wie von selbst ins Gesamtbild einfügen. Beim Erarbeiten des Schwungrads gerieten die Teams in eine ekstatische Begeisterung, wie sie nur entsteht, wenn man an einem Durchbruch arbeitet: am Durchbruch zu den Besten.

Bill McNabb, damals CEO des Investmentfonds-Riesen Vanguard, kam 2009 mit seinem Führungsteam nach Boulder. Sie arbeiteten zwei Tage. Dann hatte sich ihr Schwungrad herauskristallisiert. Es war beeindruckend, zu sehen, wie sie die Essenz der Antriebsmaschine von Vanguard herauspräparierten. Ich habe sie hier als vereinfachtes Schwungrad aufgezeichnet.

Vanguard-Schwungrad

Achten Sie mal darauf: Jede Komponente im Vanguard-Schwungrad ist nicht nur ein »nächster Handlungsschritt auf einer langen Liste«; jeder Schritt ist die fast unvermeidliche Folge des vorherigen Schritts. Wenn Sie kostengünstigere Investmentfonds anbieten, können Sie fast nichts anderes tun, als den Anlegern langfristig bessere Renditen zu liefern (im Vergleich zu teureren Fonds, die in dieselben Vermögenswerte investieren). Und wenn Sie den Investoren überdurchschnittliche Renditen liefern, können Sie fast nicht anders, als die Kundenbindung auszubauen. Und wenn Sie eine stärkere Kundenbindung aufbauen, können Sie fast nur noch das verwaltete Vermögen vergrößern. Und wenn man die verwalteten Vermögen vergrößert, müssen Sie fast zwangsläufig positive Skaleneffekte generieren. Und wenn Sie die Skaleneffekte steigern, sind niedrigere Kosten, die Sie an die Kunden weitergeben können, nahezu unumgänglich. Vanguard hatte seit Jahrzehnten ein derartiges Schwungrad gedreht, basierend auf den Erkenntnissen und Prinzipien des visionären Gründers Jack Bogle, der für die ersten weltweit laufenden indexbasierten Fonds bekannt ist. Aber die Zeit, die sich die Teammitglieder nahmen, um ihre grundlegende Schwungradarchitektur herauszuarbeiten, gab ihnen die Klarheit, die sie brauchten, um deren Dynamik mit fanatischer Intensität zu steigern, insbesondere in der Finanzkrise 2008/09. Zwischen 2009 und 2017 legte das Schwungrad von Vanguard immer weiter an Dynamik zu, sodass Vanguard sein verwaltetes Vermögen auf über 4 Billionen Dollar verdoppelte.[3]

Das Vanguard-Beispiel veranschaulicht einen wichtigen Aspekt der Funktionsweise der Schwungräder der Besten: Wenn Sie einen Schritt erfolgreich abgeschlossen haben, werden Sie automatisch in den nächsten katapultiert und in den nächsten und nächsten und so weiter. Es ist fast wie eine Kettenreaktion. Wenn Sie über Ihr eigenes Schwungrad nachdenken, ist es absolut wichtig, dass es nicht wie eine Liste statischer Ziele konzipiert ist, die Sie einfach als geschlossenen Kreis gezeichnet haben. Das Schwungrad muss die Sequenz abbilden, die die Dynamik entfacht und beschleunigt.

Die intellektuelle Disziplin, die man aufbringen muss, bis die Sequenz richtig dargestellt ist, führt oft zu grundlegenden strategischen Erkenntnissen. Robert Burgelman, Professor für Wirtschaftsstrategie an der Stanford Graduate School of Business, sagte 1982 vor einem Hörsaal voller Studierender (einer davon war ich selbst): Die größte Gefahr im Geschäfts- wie im Privatleben liege nicht im offenkundigen Scheitern, sondern in einem Erfolg, dessen Ursprung man sich nicht erklären kann. Burgelmans Lehrsatz ging mir in den fünfundzwanzig Jahren meiner Forschungstätigkeit nicht aus dem Kopf. Ich war immer auf der Suche nach einer Antwort auf die Frage: Wie funktionieren die erfolgreichsten Unternehmen? Aber auch: Warum kommen einige Unternehmen vom Pfad des Erfolgs ab? Wenn man die zugrunde liegenden kausalen Faktoren, die das Schwungrad antreiben, fundamental verstanden hat, ist die Gefahr gebannt, von der Burgelman sprach.

## Die Nachhaltigkeit des Schwungrads der Besten

Einer der schlimmsten und am weitesten verbreiteten strategischen Fehler ist es, nicht offensiv und konsequent genug das Beste aus den eigenen Erfolgen zu machen. Ein Grund, weshalb einige Unternehmensbosse diesen Fehler begehen, liegt darin, dass sie sich von einer nie endenden Suche nach dem »nächsten großen Ding« verführen lassen. Einige finden es ja tatsächlich, unsere Forschung aber hat in mehreren Studien etwas anderes nachweisen können. Ein richtig konzipiertes Schwungrad, das fortlaufend aktualisiert und erweitert wird, kann die Dynamik des Unternehmens oder der Organisation verstetigen und die Organisation oder das Unternehmen sogar durch einen wichtigen strategischen Wendepunkt oder eine turbulente, disruptive Veränderung des Umfelds hindurchtragen. Damit das aber gelingt, muss man die zugrunde liegende Architektur des Schwungrades im Unterschied zu einer singulären Geschäftsaktivität oder eines Handlungsfelds begriffen haben.

Ich möchte Ihnen das an einem hervorragenden Beispiel aus der Geschichte veranschaulichen, dem »dramatischen« Wandel von Intel: von einem Speicherkartenhersteller zum Mikroprozessorunternehmen. Schon sehr früh in der Unternehmensgeschichte baute Intel ein Schwungrad, bei dem sich die Intel-

Intel-Schwungrad

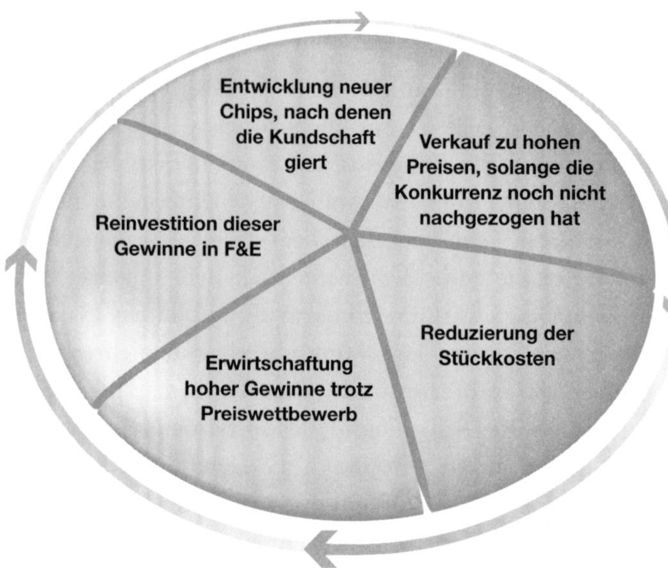


Leute das Mooresche Gesetz zunutze machten. (Das Mooresche Gesetz besagt, dass sich die Anzahl der Schaltungen in einem integrierten Schaltkreis zu vertretbaren Kosten etwa alle achtzehn Monate verdoppelt.) Mit diesem Wissen baute das Gründungsteam von Intel eine strategische Kumulationsmaschine: Entwicklung neuer Chips, nach denen die Kundschaft giert; Verkauf zu hohen Preisen, solange die Konkurrenz noch nicht nachgezogen hat; Reduzierung der

Stückkosten in dem Maße, wie die Stückzahlen steigen (Skalierung); Erwirtschaftung hoher Gewinne, obwohl der Wettbewerb zu Preissenkungen führt; Reinvestition dieser Gewinne in F&E, um die nächste Chip-Generation zu entwickeln.

Dieses Schwungrad beflügelte Intels Aufstieg von einem Start-up zu einem der größten Unternehmen im Speicherchipgeschäft.[4]

Mitte der 1980er-Jahre fand sich das Speicherkartengeschäft plötzlich in einem brutalen internationalen Preiskampf wieder. Die Verkaufszahlen von Intel gingen runter, die Gewinne schmolzen dahin. Der damalige CEO Gordon Moore und der Präsident von Intel Andy Grove sahen der Realität eiskalt ins Auge: Das Speicherkartengeschäft von Intel war wirtschaftlich untragbar geworden. Und daran würde sich nichts ändern. In seinem überragenden Buch *Only the Paranoid Survive* beschreibt Grove einen Moment der Offenbarung. Er fragte Moore: »Wenn die uns rauswerfen und der Aufsichtsrat einen neuen CEO beruft, was würde der wohl tun? Was meinst du?« Moore gab eine unmissverständliche Antwort: »Er würde das Speicherkartengeschäft loswerden.« Darauf sagte Grove: »Und warum sollten du und ich nicht einfach durch diese Tür da rausgehen, wieder reinkommen und das selbst tun?«[5] Ich stelle mir vor, wie Grove und Moore mit dem Finger aufeinander zeigen und sagen: »Du bist gefeuert!«, wie sie dann durch die Tür gehen und auf dem Gang wieder mit dem Finger aufeinander zeigen und sagen: »Du hast den Job!« und wie sie dann wieder ins Büro zurückspazieren und als »neues« Führungsduo sagen: »Die Lösung ist einfach: Wir steigen aus den Speicherkarten aus!«

Aber jetzt die entscheidende Frage: Indem Intel diesen radikalen Schnitt tat, warf das Unternehmen sein Schwungrad damit über Bord? Nein! Intel hatte seit über zehn Jahren eine Nebenaktivität im Bereich Mikroprozessoren entwickelt, und auf diesen Bereich ließ sich die zugrunde liegende Schwungradarchitektur genauso erfolgreich anwenden. Eine andere Klasse Chips, aber ein unverändertes Schwungrad.

2002 redete ich mit Grove genau über diese Frage. Es war ein Vorgespräch zu einer Podiumsdiskussion, an der wir beide teilnahmen. Thema: Wie erschafft man große Unternehmen? Als ich Grove zu seiner Entscheidung befragte, aus den Speichermedien auszusteigen, antwortete er, dass aus der Schwungradperspektive betrachtet der harte Schwenk von Speichern zu Mikroprozessoren für Intel gar nicht so disruptiv war, wie es, oberflächlich betrachtet, erscheinen mag. Es war eigentlich mehr das Verschieben des Schwungs von Speichern zu Mikroprozessoren, keine Vollbremsung, um innezuhalten und ein völlig neues Schwungrad zu entwickeln. Hätte sich Intel damals nicht nur von den Speichern, sondern auch von der zugrunde liegenden Schwungradarchitektur verabschiedet, wäre das Unternehmen nie der weltweit führende Chiphersteller der PC-Revolution geworden.

> Für ein echtes Top-Unternehmen ist das »große Ding« nie eine bestimmte Geschäftsaktivität oder ein Produkt oder eine Idee oder eine Erfindung. Das »große Ding« ist das zugrunde liegende, richtig konfigurierte Schwungrad. Wenn Sie das Schwungrad richtig austariert haben (inklusive Aktualisierungen und Erweiterungen), kann es Dynamik für mindestens zehn Jahre liefern, vermutlich sogar viel länger. Amazon, Vanguard und Intel zerstörten ihr Schwungrad nicht, als sie in Turbulenzen gerieten; sie zerstörten die Probleme des Umfelds, in dem sie ihr Schwungrad drehten.

Das bedeutet nicht, ohne nachzudenken immer weiter das zu tun, was man auch vorher schon getan hat. Es bedeutet, sich zu entwickeln und zu erweitern. Es geht nicht nur darum, Jack Bogles revolutionären S&P-500-Indexfonds anzubieten, sondern auch darum, eine Vielzahl von kostengünstigen Fonds in einer Vielzahl von Anlagekategorien zu schaffen, die in das Vanguard-Schwungrad passen. Es bedeutet nicht nur, Bücher online zu verkaufen; es bedeutet, das Amazon-Schwungrad zum größten und umfassendsten E-Commerce-System der Welt auszubauen und später dieses Schwungrad zu erweitern, indem es seine eigenen Geräte (wie Kindle und Alexa) verkauft und auch im physischen Einzelhandel aktiv wird (2017 übernahm Amazon Whole Foods). Es bedeutet nicht, hartnäckig an Speicherchips festzuhalten; es bedeutet, das Intel-Schwungrad für völlig neue Chipkategorien zu nutzen.

Es geht mir nicht darum zu behaupten, dass ein Schwungrad ewig hält. Aber schauen Sie sich diese drei Fälle an – Amazon, Vanguard und Intel. Alle drei Unternehmen sind in einer sehr volatilen Branche aktiv. In jedem dieser Unternehmen trieb das zugrunde liegende Schwungrad jahrzehntelang das Wachstum an. Intel hat sich schließlich wesentlich über das Feld der Chipherstellung hinaus entwickelt. Aber das ändert nichts an der Tatsache, dass die anfängliche Schwungradarchitektur für die mehr als dreißigjährige Entwicklung von Intel zu einem Spitzenunternehmen verantwortlich war. Die Logik der Schwungradarchitektur von Vanguard blieb im Wesentlichen intakt, und das seit einem halben Jahrhundert! Und heute, im Jahr 2018, in dem ich diesen Text schreibe, hat das ursprüngliche Amazon-Schwungrad an Kraft und Bedeutung nichts eingebüßt. Es dreht sich so stabil wie eh und je – auch dank der Erneuerung und Erweiterung der vergangenen zwanzig Jahre.

Zu einem späteren Zeitpunkt in diesem Text werde ich zeigen, wie große Unternehmen ihr Schwungrad erneuern und erweitern. Stellt man eines Tages fest, dass sich das der Geschäftsaktivität zugrunde liegende Schwungrad nicht mehr dreht oder dass es droht, in Vergessenheit zu geraten, dann muss man den Tatsachen ins Auge schauen und das Schwungrad erneuern oder ganz ersetzen. Bevor man aber das Schwungrad auf den Müll wirft, muss man sich vergewissern, dass man den zugrunde liegenden Mechanismus verstanden hat. Geben Sie Ihr Schwungrad nicht einfach auf; es könnte eine bessere Strategie sein, es zu erhalten, zu erneuern und zu erweitern.

## Schritt für Schritt zum eigenen Schwungrad

Also, was müssen Sie tun, um Ihr eigenes Schwungrad zu designen? In unserem Managementlabor haben wir einen einfachen Prozess entwickelt. Er ist das Ergebnis eines iterativen Verfahrens, basierend auf zahlreichen kontroversen Diskussionsrunden mit einem großen Spektrum von Organisationen. Hier sind die elementaren Schritte:

1. Erstellen Sie eine Liste der signifikanten replizierbaren Erfolge Ihres Unternehmens. Dazu gehören auch neue Initiativen und Angebote für Kunden, die Ihre Erwartungen weit übertroffen haben.

2. Erstellen Sie eine Liste von Fehlern und Rückschlägen. Dazu gehören neue Initiativen und Angebote für Kunden Ihres Unternehmens, die völlig versagt haben oder weit unter Ihren Erwartungen geblieben sind.
3. Vergleichen Sie Erfolge und Rückschläge und stellen Sie sich folgende Frage: »Was verraten uns diese Erfolge und Rückschläge über die Komponenten unseres Schwungrads?«
4. Skizzieren Sie das Schwungrad mit den von Ihnen identifizierten Komponenten (nicht weniger als vier, nicht mehr als sechs!). Wo beginnt das Schwungrad? Was steht am Anfang des Kreislaufs? Was kommt als Nächstes? Und was als Übernächstes? Sie müssen erklären können, warum genau diese Komponente auf die vorherige folgt. Beschreiben Sie den Pfad zurück zum obersten Punkt des Schwungrads. Sie müssen schlüssig erklären können, wie dieser Kreislauf an seinen Ausgangspunkt zurückfindet, den Kreis schließt und so die Eigendynamik erhöht.
5. Haben Sie mehr als sechs Komponenten, ist das Schwungrad zu kompliziert. Abstrahieren und vereinfachen Sie, um die Essenz des Schwungrads zu erfassen.
6. Testen Sie das Schwungrad an der Liste der Erfolge und Rückschläge. Bestätigen die empirischen Erfahrungen Ihr Prinzip? Optimieren Sie das Dia-

gramm so lange, bis Sie die größten Erfolge als direkte Ergebnisse des Schwungradprinzips und die größten Rückschläge als Abweichungen vom Schwungradprinzip erklären können.

7. Testen Sie das Schwungrad an den drei Fragen des **Igel-Prinzips**. Das Igel-Prinzip ist ein einfaches und klares Konzept, das sich aus einem vertieften Verständnis der Schnittmenge der folgenden drei Kreise ergibt:
   (1) Was ist unsere wahre Passion? (2) Worin können wir die Besten werden? und (3) Was ist unser wirtschaftlicher Motor? Passt das Schwungrad zu Ihrer wahren Passion – zuallererst zum Kernzweck, an dem sich alle Aktivitäten ausrichten, und zu den dauerhaften Kernwerten des Unternehmens? Unterstützt das Schwungrad das, worin Sie die Weltbesten werden können? Unterstützt Ihr Schwungrad Ihren wirtschaftlichen Motor oder dessen Ressourcen? (Im Anhang zu diesem Text finden Sie eine Zusammenfassung aller Prinzipien aus unserer Forschung wie zum Beispiel das Igel-Prinzip, zusammen mit einer Kurzbeschreibung jedes einzelnen Prinzips. Dieser Anhang zeigt auch den Platz des Schwungrads innerhalb einer vollständigen Orientierungskarte für Ihren persönlichen Weg zu den Besten. Bei jeder Ersterwähnung eines der Prinzipien im Haupttext ist das Prinzip **fett** gedruckt.)

Organisationen, denen noch keine Komponenten für ein Schwungrad zur Verfügung stehen, wie etwa Start-ups kurz nach der Gründung, können einen fliegenden Start hinlegen, indem sie Bausteine von Schwungrädern importieren, die andere konstruiert haben. Als Jim Gentes Giro Sport Design gründete, war seine ökonomische Basis ein neu entwickelter Fahrradhelm, leichter und aerodynamischer als die Helme der Wettbewerber. Mit einem Giro-Helm waren die Radfahrer schneller, cooler und sicherer unterwegs. Außerdem waren die Helme stylish und bunt, während die unförmigen Helme der Konkurrenz Radfahrer aussehen ließen wie außerirdische Muttersöhnchen in einem 50er-Jahre-B-Horror-Movie. Als Gentes nach der Präsentation seines Prototyps auf der Long Beach Bike Show wieder in seiner Zweizimmerwohnung saß, hatte er Aufträge in Höhe von 80 000 Dollar in der Tasche und fing an, die Helme in seiner Garage zu fertigen.[6]

Aber wie wird aus einem einzigen Produkt ein impulserhaltendes Schwungrad, vor allem wenn man ein Start-up ist, das in einer Garage werkelt? Gentes sah sich Nike näher an und fand dabei etwas Entscheidendes heraus: Die Attraktivität von Sportzubehör wird von sozialen Hierarchien beeinflusst. Wenn du zum Beispiel einen Tour-de-France-Sieger dazu kriegst, deinen Helm zu tragen, werden auch ambitionierte Amateur-Radfahrer den Helm tragen wollen.

Dieser Einfluss setzt sich kaskadenartig nach unten fort und baut so die Marke auf. Gentes unterzog diese Erkenntnis einem Realitäts-Check und verwettete darauf einen erheblichen Teil der geringen Finanzmittel des Unternehmens. Er sponsorte den US-amerikanischen Radrennprofi Greg LeMond. Im dramatischen Tour-de-France-Finale 1989 war bis zur letzten Etappe, einem Zeitfahren in Paris, der Gesamtsieg noch offen. LeMond fuhr einen 50-Sekunden-Rückstand auf und gewann die Tour mit acht Sekunden Vorsprung nach dreiundzwanzig Tagen. Das Bild, das in den Köpfen blieb: Greg LeMond, der mit einem aerodynamischen Helm die Champs-Elysees hinunterraste. Plötzlich fanden es Radsportler cool, einen Helm zu tragen, solange er von Giro war.[7]

Und so gelang es Gentes, indem er eine Schlüsselerkenntnis des Nike-Schwungrads kopierte und sie mit seiner eigenen Passion, tolle neue Produkte zu erfinden, verband, ein Schwungrad zu bauen, das Giro weit über die Fertigung in der Garage hinaus trug: Erfinden großartiger Produkte; Top-Sportler, die sie tragen; Amateure, die ihre Profi-Helden imitieren; attraktiv werden für den Massenmarkt; und eine Super-Marke aufbauen, indem immer mehr Athleten die Produkte einsetzen. Um den Faktor »Coolness« zu erhalten, setzte er hohe Preise und investierte die Gewinne wieder, um die nächste Generation toller Produkte zu erfinden, die von Top-Athleten begeistert angenommen wurden.

Giro-Schwungrad

Ein Schwungrad muss nicht komplett einzigartig sein. Erfolgreiche Organisationen können ähnliche Schwungräder haben. Es kommt im Wesentlichen darauf an, wie gut Sie Ihr Schwungrad verstehen und wie gut Sie bei jedem einzelnen Schritt einer langen Serie von Umdrehungen performen.

Gerard Tellis und Peter Golder zeigten in ihrem Buch *Will and Vision* eindrücklich, dass aus den innovativen Pionieren in einem neuen Geschäftsfeld fast nie (unter 10 Prozent) große Gewinner wurden. Ganz ähnlich waren die Ergebnisse unserer strengen Vergleichsstudien *(Immer erfolgreich. Die Strategien der Topunternehmen*, *Der Weg zu den Besten*, *How the Mighty Fall*, und *Oben bleiben. Immer)*. Wir konnten keinen systematischen Zusammenhang zwischen Spitzenerfolg und Pionierstatus feststellen. Dies gilt selbst für innovationsgetriebene Branchen wie Computer, Software, Halbleiter oder Medizintechnik. Amazon und Intel fingen erst an, als andere schon im Markt waren. Advanced Memory Systems war vor Intel im DRAM-Chip-Geschäft. Und Books.com war vor Amazon im Online-Buchhandel.[8] Die großen Sieger übertrafen zwar systematisch das Minimum an Innovation in ihrer Branche. Aber: Was die großen Sieger von den anderen in erster Linie unterscheidet, ist ihre Fähigkeit, einen anfänglichen Vorteil in den dauerhaften Impuls eines Schwungrads zu überführen. Und da spielt es keine Rolle, ob sie erst nach den Pionieren in den Markt einstiegen.[9]

## Nicht nur für CEOs

Vielleicht fragen Sie sich jetzt Folgendes: »Ich bin für eine Einheit verantwortlich, die tief in eine sehr viel größere Organisation eingebettet ist. Kann ich trotzdem ein Schwungrad bauen?« Ja, das können Sie! Zum besseren Verständnis schauen wir uns den Fall von Deb Gustafson an. Als Direktorin einer Grundschule machte sie sich die Dynamik des Schwungrads innerhalb der engen Grenzen ihrer Schule zunutze.

Als Deb Gustafson Direktorin der »Ware Elementary School« auf dem Armeestützpunkt »Fort Riley« wurde, trat sie ein schweres Erbe an. Die Schule war eine der ersten öffentlichen Schulen in Kansas, die »optimiert« werden sollten, weil die Leistungen der Schüler sehr schlecht waren. Nur ein Drittel der Schüler erreichte ein akzeptables Leseniveau. Außerdem hatte Gustafson mit einer hohen Fluktuation der Schüler zu tun (wegen Truppenverlegung) und mit einer hohen Fluktuation des Lehrpersonals (35 Prozent).[10] Die Kinder litten zusätzlich an einer besonderen Art von Stress, denn es ist ein Unterschied, ob die Eltern auf Geschäftsreise sind oder ob sie diese »Geschäftsreise« zu einem Kriegsschauplatz führt. Diese Kinder haben keine Zeit zu verlieren, sagte sich Gustafson. Wenn die Kinder die erste oder zweite Klasse nicht schaffen, wenn sie die Schule verlassen, ohne lesen und schreiben zu können, dann werden sie ihr ganzes Leben lang benachteiligt sein. Das dürfen wir nicht zulassen.

Unterrichten ist eine Beziehung, keine Transaktion, und Gustafson glaubte fest, dass Beziehungen nur auf dem Fundament von Zusammenarbeit und wechselseitigem Respekt gedeihen können. Wenn Eltern in Kriegsgebiete verlegt werden, wenn Familien Opfer bei der Pflichterfüllung für ihr Land bringen, dann brauchen deren Kinder nicht auch noch Lagerkämpfe in der Schule. Sie haben ein Recht auf Frieden und Ruhe. Sie müssen spüren, dass die Lehrkräfte für sie da sind und dass alle an einem Strang ziehen, um sie zu unterstützen. Gustafson beschreibt, wie ihr die Anwendbarkeit des Schwungrads für ihre Schule sofort ins Auge sprang, als die *Der Weg zu den Besten* las. »Als ich zu dem Abschnitt kam, in dem es darum ging, das Schwungrad in Gang zu setzen, konnte ich nicht mehr still sitzen bleiben«, sagte Gustafson. »Ich finde die Vorstellung phantastisch, dass das Schwungrad ganz automatisch anfängt, sich zu drehen, wenn man alle dazu bringt, es anzutreiben, wenn alle an einem Strang ziehen.«

Gustafson wartete nicht auf den Bezirksverantwortlichen oder den Grundschulbeauftragten des Staates Kansas oder jemanden aus dem US-Bildungsministerium, um das Schwungrad des gesamten Zwölf-Klassen-Schulsystems in Ordnung zu bringen.

Sie baute ihr eigenes, auf die Größe ihrer Schuleinheit passendes Schwungrad.

Schwungrad der Ware Elementary School

Schwungrad-Schritt 1: Lehrpersonal einstellen, das mit Begeisterung bei der Sache ist. »Es war für uns nicht leicht, erfahrene Lehrerinnen und Lehrer an die Schule eines Militärstützpunkts im Hinterland von Kansas zu bekommen«, erläutert Gustafson. »Deshalb habe ich nach Leuten mit Begeisterung fürs Unterrichten gesucht, auch wenn sie keine Erfahrung hatten. Ich war mir sicher, dass man aus Menschen mit der richtigen Einstellung und unbändigem Enthusiasmus erfolgreiche Lehrerinnen und Lehrer machen konnte.« All diese begeisternde Energie, die das Schulhaus erfüllte, brachte das Schwungrad zum Rotieren. Aber es brauchte auch Führung, Kanalisierung, Einsatzplanung. Es ist völlig unsinnig, einfach nur unerfahrene Lehrkräfte völlig unvorbereitet auf die Klassen loszulassen. So kam Gustafson zu Schritt 2 des Schwungrads, dem Aufbau von kooperierenden Verbesserungsteams. Jeder Lehrer und jede Lehrerin wurden Teil eines Teams, in dem es immer auch jemanden mit Erfahrung gab, der die Kultur der Schule beispielhaft verkörperte. Diese neue Struktur, in der sich der Kollegenkreis mindestens einmal pro Woche trafen, schuf Zusammenhalt und Dynamik. Sie teilten Ideen, bekamen Feedback, redeten über den Fortschritt einzelner Schülerinnen und Schüler und verbesserten die Ware-Lehrmethoden. Aber natürlich kann man sich nur verbessern, wenn man weiß, wo man steht, und wenn man auch weiß, wie jedes einzelne Kind vorankommt. Und so kam Gustafson zu Schritt 3 ihres Schwungrads: Monitoring der Schülerleistungen, früh und regelmäßig. Ein kontinuierlicher Datenstrom, der in den Teams analysiert wird, erzeugt Energie. Jedes Kind muss Erfolg haben! Kein Kind darf zurückbleiben! Jedes einzelne Kind zählt! Lehrkräfte und Teams setzten sich Ziele und erarbeiteten Pläne für einzelne Kinder, die zurückzufallen drohten. Die Dynamik steigerte sich, als sich die Teams vierteljährlich mit Abteilungsleitern trafen, um die Lernpläne für einzelne Schüler im Detail abzustimmen. So drehte sich das Schwungrad weiter zu Schritt 4: Lernerfolge für jedes einzelne Kind erzielen. Gustafson und ihre Kolleginnen und Kollegen übernahmen eine Schule, in der weniger als 35 Prozent aller Schülerinnen und Schüler ein zufriedenstellendes Leseniveau hatten, und veränderten sie: Am Ende des ersten Jahres waren sie bei 55 Prozent. 69 Prozent waren es im dritten, 96 Prozent im fünften und 99 Prozent im siebten, achten, neunten Jahr, und so ging es weiter.[11]

All das führte von selbst zu Schritt 5 des Schwungrads: Verbesserung des Rufs der Schule, nicht nur aufgrund der Noten, sondern auch aufgrund der guten Arbeitsbedingungen. Und das brachte das Schwungrad zu Schritt 6: Aufbau einer Liste von begeisterten Lehrkräften. Ware wurde zudem der Status einer Ausbildungsschule der Kansas State University verliehen, was dazu beitrug, dass das Schwungrad mit einem kontinuierlichen Strom von Referendaren und Praktikanten versorgt wurde. »Es kamen immer mehr Leute mit Begeisterung und pädagogischem Potenzial zu uns, und sie verliebten sich in unsere Schule«, sagt Gustafson. »Es geht um Kultur und Beziehungen und um die Zusammenarbeit im Team, darum, immer besser zu werden und die Kinder zu unterstützen. All das machte uns in den Augen der richtigen Leute attraktiv. Und so wurde die Liste mit begeisterten Leuten immer größer, und wir konnten das Schwungrad Jahr für Jahr schneller drehen.« Das Ware-Schwungrad von Gustafson dreht sich seit über fünfzehn Jahren und erreicht neunhundert Kinder von Armeeangehörigen pro Jahr.[12]

> Managerinnen und Manager, die großartige Nischen in ihrer Organisationseinheit schaffen wie zum Beispiel die Schuldirektorin Gustafson, sitzen nicht herum und warten, dass sich ihre Organisation oder das sie umgebende System von selbst optimiert. Sie finden alleine heraus, wie sie den Schwungradeffekt innerhalb der Einheit, für die sie verantwortlich sind, nutzen können. Egal, was man im Leben tut, egal, wie klein oder groß Ihr Unternehmen ist, egal, ob es gewinnorientiert oder gemeinnützig ist, egal, ob Sie der CEO sind oder die Verantwortung für eine Einheit haben, die Frage ist immer dieselbe: Wie dreht sich Ihr Schwungrad?

Sie finden den Schwungradeffekt in sozialen Bewegungen und Sportvereinen. Sie finden ihn bei Rockbands und großen Filmregisseuren. Sie finden ihn bei Wahlgewinnern und siegreichen militärischen Operationen. Sie finden den Schwungradeffekt bei erfolgreichen Langzeitinvestoren und sehr einflussreichen Philanthropen. Sie finden ihn bei den anerkanntesten Journalisten und den am meisten gelesenen Autoren. Schauen Sie sich irgendein wirklich großes, wirtschaftlich nachhaltiges Unternehmen an, und Sie werden mit großer Wahrscheinlichkeit auf ein rotierendes Schwungrad stoßen – auch wenn man es nicht immer auf den ersten Blick erkennt.

Bevor ich der Frage nachgehe, wie man ein Schwungrad erweitert oder modifiziert, möchte ich Ihnen noch zeigen, an welch ungewöhnlichen Orten sich das Schwungradprinzip finden lässt. Ich beende diesen Abschnitt mit dem Beispiel einer höchst kreativen gemeinnützigen Organisation, dem Ojai Music Festival, das Jahr für Jahr an einem magischen Ort ein musikalisches Abenteuer inszeniert, an dem einige der besten Musiker und Komponisten der Welt teilnehmen.

Der Zyklus des Ojai-Schwungrads beginnt damit, dass unkonventionelle und außergewöhnliche Talente gesucht werden. Jedes Jahr wird die musikalische Leitung neu besetzt. Von Komponisten wie Igor Stravinsky und Pierre Boulez bis zur Violinistin Patricia Kopatchinskaja und dem Pianisten Vijay Iyer bringt jede musikalische Leitung ihre eigene Genialität mit ein, und damit ist von Anfang an ein kreatives Feuerwerk gewährleistet.[13] Es ist gerade so, als würde das Festival eine leere Leinwand zur Verfügung stellen und sagen: Das Einzige, was wir von Ihnen verlangen, ist, dass Sie uns ein Meisterwerk erschaffen. Nur mit dem Unterschied, dass als Meisterwerk hier kein Gemälde erwartet wird, sondern die meisterliche Komposition eines musikalischen Experiments, das Künstler und Publikum gleichermaßen mitreißt. »Es gibt zwei wesentliche Gründe dafür, dass es uns immer wieder gelingt, unkonventionelle Talente für Ojai zu gewinnen«, erklärt Tom Morris, seit fast zwanzig Jahren Geschäftsführer des Festivals. »Der eine ist: Die Leute sind begeistert davon, mit wem sie zusammenspielen werden, und der andere: Sie sind begeistert, dass wir ihrer Kreativität keine Grenzen setzen. Es ist wie eine riesige Schneekugel. Du schüttelst sie und siehst dir an, was runterkommt.«[14]

Die nächste Station des Schwungrads ergibt sich aus einer rigorosen Einschränkung. Das Festival dauert nur vier Tage. All die überirdische Kreativität, die Schneekugel voller herumwirbelnder Ideen, muss in einen engen Programmplan gepresst werden. Die meisten Ideen, selbst die großartigsten, müssen am Ende beschnitten werden. Und das bringt uns zu der entscheidenden Einsicht, dem kausalen Zusammenhang, der dem Schwungrad den entscheidenden Dreh verpasste und dem wilden Spektakel breite Anerkennung und Unterstützung in der Bevölkerung einbrachte: »Es geht uns nicht um einen freundlichen Publikumsapplaus«, erklärt Morris. »Wir wollen das Publikum vor Begeisterung von den Sitzen reißen.«

Morris berichtet von einem Bewohner des Städtchens, der dem Festival fernblieb, weil er »diese Art Musik« nicht mochte. Aber eines Tages sah dieser Bürger zufällig das Konzert »Inuksuit«, ein dreidimensionales Stück von John Luther Adams für neun bis neunundneunzig Schlaginstrumente. Mit »zufällig« meine ich nicht, dass er durch den Dienstboteneingang des Konzerthauses gekommen war und zufällig ein paar Töne des Orchesters auf der weit entfernten Bühne hörte. Nein, er lief mitten durch das Konzert, denn die Musiker hatten sich im gesamten, von Wegen durchzogenen Stadtpark verteilt. Das Publikum war überall, genauso wie der Klang. Tom-Toms, Becken, Triangeln, Glockenspiele, Sirenen und Trommeln jeder Form und Größe. Die Musik schwoll langsam an. Zuerst war sie leise, dann ohrenbetäubend, wurde wieder ruhiger und verebbte, nahtlos fortgeführt vom Zwitschern der Vögel aus den Wipfeln der Bäume. Die Musiker wechselten nach einer bestimmten Vorgabe mehrfach die Positionen im Park – einige kletterten sogar auf die Bäume –, und die Zuhörer bewegten sich mit ihnen, durchstreiften den Park, eingehüllt in das sich entfaltende Konzert.[15] Klick machte das Schwungrad, und der ehemalige Skeptiker, der »diese Art Musik« nicht mochte, war von dieser Erfahrung so begeistert, dass er einer der glühendsten Unterstützer des Festivals wurde.[16]

Schwungrad des Ojai-Musikfestivals

Morris und seine Kollegen wussten, dass die am meisten begeisterten Leute im Publikum auf Inspiration hofften, auf Überraschung, Verblüffung, Herausforderung und Überwältigung. Die sind nicht auf der Suche nach einem »erbaulichen Zuhörerlebnis«. Sie wollen persönlich wachsen durch ein Musikexperiment, das sie verwandelt, den Geist beflügelt und eine dauerhafte emotionale Wirkung entfaltet. Und jedes Mal, wenn das Festival dieses Versprechen einlöste, drehte sich das Schwungrad schneller und versorgte die Maschine mit Energie, steigerte die Reputation von Ojai und wirkte magnetisch auf die nächste Welle unkonventioneller Talente, um das nächste Meisterwerk zu erschaffen und das Schwungrad aufs Neue drehen zu lassen.

## Praxis und Innovation – die Erneuerung des Schwungrads

Sobald Sie Ihr Schwungrad richtig justiert haben, stellt sich die Frage: Was müssen Sie tun, um seine Dynamik zu beschleunigen? Es liegt in der Natur des Schwungrads, dass es vor allem darum geht, die Sequenzierung richtig einzustellen. Jeder einzelne Schritt hängt von allen anderen Schritten ab. Das bedeutet, man kann nicht bei einem Schritt Verzögerungen zulassen und gleichzeitig erwarten, dass die Dynamik erhalten bleibt. Stellen Sie sich das am besten so vor: Nehmen wir an, Sie haben sechs Schritte oder Komponenten in Ihrem Schwungrad, und Sie benoten die Leistung jeder dieser Komponenten von 1 bis 10. Was passiert, wenn Ihre Bewertungen 9, 10, 8, 3,

9 und 10 lauten? Das gesamte Schwungrad wird ausgebremst durch die Komponente, die nur eine Leistung von 3 bringt. Um Fahrt aufzunehmen, muss diese Komponente von 3 mindestens auf 8 hochgeschraubt werden.

Wenn das Schwungrad richtig konzipiert wurde und in der Praxis richtig eingesetzt wird, erzeugt es gleichzeitig Kontinuität und Veränderung. Einerseits müssen Sie Ihr Schwungrad lange genug behalten, damit es seine volle kumulative Wirkung entfalten kann. Andererseits müssen Sie das Schwungrad, damit es sich immer weiterdreht, auch kontinuierlich erneuern und jede einzelne Komponente fortlaufend optimieren.

In unserem Buch *Immer erfolgreich. Die Strategien der Topunternehmen* zeigen Jerry Porras und ich, dass diejenigen, die große, auf Dauer erfolgreiche Unternehmen aufgebaut haben, sich von der »Tyrannei des ODER« befreit haben (der Ansicht, dass alles entweder A ODER B sein muss und niemals beides sein kann). Sie befreiten sich mit dem Geniestreich des »UND«: Anstatt zwischen A ODER B zu wählen, fanden sie einen Weg, A UND B zu tun. Auch beim Schwungrad müssen Sie die Macht des UND vollständig entfesseln: Sie müssen das Schwungrad erhalten UND erneuern.

Das Krankenhaus in Cleveland entwickelte sich über die Jahre zu einem bewunderten Vorbild für andere Institutionen im Gesundheitswesen weltweit. In Cleveland beherzigte man die schöpferische Kraft des UND – Kontinuität UND Veränderung im Schwungradprozess. Das Schwungrad reicht zurück bis in die Gründungstage der Klinik, als drei Ärzte aus dem Ersten Weltkrieg zurückkehrten, beseelt vom Teamgeist, den sie bei der Armee kennengelernt hatten. Wenn man sich um Soldaten kümmert, die vom Schlachtfeld kommen, fragt man nicht, »He, wie läuft das jetzt mit der Kostenrückerstattung?« Oder: »Kriege ich einen Bonus für diese Arbeit?« Du arbeitest Seite an Seite mit deinen Kollegen, und jeder wirft die Fertigkeiten, die er hat, in den Ring, um so viele Leben wie möglich zu retten und sie lebendig nach Hause zu bringen zu den Menschen, die sie lieben.

Geprägt von dieser extremen Erfahrung schworen die drei Ärzte, nach dem Krieg ein einzigartiges Gesundheitszentrum aufzubauen, mit einer Kultur, die von Teamgeist geprägt ist, mit Menschen, die es als Berufung verstanden, sich um Patienten zu kümmern. Von Anfang an setzte diese Klinik darauf, erstklassige Ärzte anzuziehen, die bereit waren, für ein fixes Gehalt zu arbeiten und nicht auf Anreizbasis wie die Anzahl behandelter Patienten oder durchgeführter Behandlungen. Ihre Motivation sollte vor allem daher rühren, dass sie die Gelegenheit bekamen, mit Weltklasse-Kollegen zusammenzuarbeiten, die ein gemeinsames Ziel verfolgten: das zu tun, was für die Patienten am besten war.

Schwungrad der Klinik in Cleveland

Das Cleveland-Clinic-Schwungrad fängt an mit den richtigen Leuten und einer Kultur, bei der der Patient im Mittelpunkt steht. Eine Kultur, die attraktiv wird für einen weiteren Patientenkreis, was hilft, die Struktur zu finanzieren, was wiederum dazu führt, dass

Kapazitäten qualitativ ausgebaut und noch mehr von den richtigen Leuten eingestellt werden können. So dreht sich das Schwungrad.[17]

Als 2004 Dr. Toby Cosgrove CEO der Cleveland Clinic wurde, hatte er genau verstanden, welcher Geist und welche Logik das Schwungrad antrieben. Als junger Mann war er Militärarzt in Vietnam gewesen und dort verantwortlich für eine Klinik. Wie die Gründer der Cleveland Clinic hatte er aus erster Hand erfahren, was es bedeutet, in einem Team zu arbeiten und Menschen mit unterschiedlichen Fähigkeiten zusammenzubringen, um mitten im totalen Chaos des Krieges Leben zu retten. 1975 fing er in Cleveland als Herzchirurg an und machte aus der Herzabteilung die Nummer 1 im Ranking des *U.S. News & World Report*. Trotz aller Erfolge hatte Cosgrove das Gefühl, dass die Cleveland Clinic sich auf ihr ursprüngliches Versprechen zurückbesinnen sollte: den Patienten in den Mittelpunkt zu stellen. Er fragte sich selbst und seine Kollegen, was geändert, optimiert oder neu geschaffen werden müsste, um besser auf die Bedürfnisse der Patienten einzugehen. So stellten sie zum Beispiel fest, dass die herkömmliche Struktur, die nach Kompetenzen organisiert war (Chirurgie, Kardiologie, usw.), der medizinischen Tradition folgte, sich aber nicht daran orientierte, was am besten für den Patienten war. Sie leiteten einen strukturellen Wandel ein und schufen Institute, die um die Patientenbedürfnisse herum organisiert wurden, wie zum Beispiel das Miller Family Heart & Vascular Institute, wo Ärzte aller erforderlichen Fachrichtungen an einem Ort zusammenarbeiteten.

In seinem Buch *The Cleveland Clinic Way* listet Cosgrove im Detail die Veränderungen auf, die sie vornahmen, um das Schwungrad zu erneuern: große und kleine Veränderungen, strategische und taktische, strukturelle und symbolische. Zwischen 2004 und 2016 steigerte das Schwungrad seine Dynamik in nie da gewesenem Ausmaß. Es verdoppelten sich die Einnahmen, die Behandlungen, das Forschungsbudget, und gleichzeitig exportierte die Cleveland Clinic ihre Marke in einem stetig wachsenden Netzwerk, von Ohio bis Florida und Abu Dhabi. Das Management erneuerte jede einzelne Komponente des Schwungrads, zerlegte es aber nicht in Stücke. »Im Grunde ist es noch immer das alte Schwungrad«, sagte Cosgrove. »Wir haben es nur neu belebt.«[18]

Es gibt zwei mögliche Erklärungen für ein festgefahrenes oder verklemmtes Schwungrad. Mögliche Erklärung 1: Das zugrunde liegende Schwungrad ist völlig in Ordnung, aber es fehlt an Innovation und korrekter Anwendung bei jedem einzelnen Schritt. Das Schwungrad braucht Auffrischung. Mögliche Erklärung 2: Das zugrunde liegende Schwungrad bildet nicht mehr die Realität ab und muss wesentlich überarbeitet werden. Es ist von großer Bedeutung, dass Sie hier die richtige Diagnose stellen.

Im Lauf der Zeit (über mehrere Dekaden) kann sich ein Schwungrad signifikant verändern. Sie können Schritte (Komponenten) tauschen. Sie können Komponenten rauswerfen. Sie können Komponenten überarbeiten. Sie können die Reichweite einer Komponente vergrößern oder verkleinern. Sie können die Sequenz neu einstellen. Diese Veränderungen entstehen typischerweise in einem Innovationsprozess, in dessen Verlauf Sie von Grund auf neue Aktivitäten oder Geschäftsfelder entdecken oder erschaffen. Diese Veränderungen können auch in einem Prozess auftreten, in dem Sie sich **den harten Fakten stellen** und **produktive Paranoia** praktizieren, auf der Suche nach den existentiellen Gefahren für Ihr Schwungrad. Ein Beispiel: Ein Unternehmen, dessen Geschäftsmodell darin bestand, persönliche Daten von Millionen von Menschen zu speichern, begriff eines Tages, dass sein Schwungrad dadurch gefährdet war, dass es Datenschutzregeln verletzte. Mitglieder des leitenden Managementteams erkannten, dass sie eine Komponente hinzufügen mussten, die den Schutz persönlicher Daten sicherstellte, um so das Vertrauen in das Unternehmen wiederherzustellen. Der Rest des Schwungrads blieb davon unberührt, aber ohne diese lebensnotwendige neue Komponente hätte das Unternehmen eines schönen Tags am Rande der Auslöschung gestanden.

Wenn Sie andererseits das Bedürfnis haben, ständig grundlegende Veränderungen an den Komponenten Ihres Schwungrads oder deren Abfolge vorzunehmen, haben Sie Ihr Schwungrad vermutlich schon bei der Konzeption nicht richtig aufgesetzt. Es kommt selten vor, dass ein großes Schwungrad ins Stocken gerät, weil es sein Potenzial verbraucht hat oder grundsätzlich beschädigt ist. Meist gerät die Dynamik entweder wegen schlechter Anwendung oder des Versäumnisses, eine im Grunde solide laufende Schwungradarchitektur zu erneuern und zu erweitern, ins Stocken. Wenden wir uns nun der Vergrößerung des Schwungrads zu.

## Wie man das Schwungrad vergrößert

Wie gehen Spitzenunternehmen vor, um ihr Schwungrad zu vergrößern? Die Antwort darauf findet sich in einem Konzept, das ich mit meinem Kollegen Morten Hansen in unserem Buch *Oben bleiben. Immer* entwickelt habe. Morten und ich untersuchten darin systematisch Kleinunternehmen, die in hochgradig turbulenten Branchen zu Zehnfach-Gewinnern wurden, das heißt, im Branchenvergleich mehr als zehnfach bessere Investorenerträge erwirtschafteten. Als Kontrastfolie dienten weniger erfolgreiche Vergleichsfälle mit gleichen Umfeldbedingungen. Wir fanden heraus, dass beide Typen von Unternehmen große Wetten eingingen, aber mit einem Riesenunterschied: Die echten Erfolgsunternehmen tendierten dazu, Großwetten einzugehen, *nachdem* sie empirisch überprüft hatten, dass sich die Wette auch tatsächlich auszahlte. Die weniger erfolgreichen Vergleichsunternehmen hingegen zeigten die Tendenz, Großwetten einzugehen, *bevor* sie die Erfolgsaussichten empirisch geprüft hatten. Um den Unterschied greifbar zu machen, erfanden wir dafür das Konzept »Erst Geschosse, dann Kanonenkugeln«.[19]

Und das funktioniert so: Stellen Sie sich ein feindliches Schiff vor, das auf Sie zusteuert. Sie haben nur eine begrenzte Menge Schießpulver. Sie nehmen ihr ganzes Pulver und benutzen es, um eine große Kanone abzufeuern. Die Kugel schießt heraus und platscht ins Meer, ohne das näherkommende Schiff zu treffen. Ein Blick ins Pulverfass zeigt: Kein Pulver mehr da! Jetzt sind Sie in Schwierigkeiten. Aber stellen wir uns stattdessen einmal vor, Sie sehen das Schiff auf sich zukommen, nehmen nur ein kleines bisschen Pulver und feuern eine Gewehrkugel ab. Sie verfehlen Ihr Ziel um 40 Grad. Sie nehmen eine weitere Kugel und feuern. Sie verfehlt ihr Ziel um 30 Grad. Das dritte Geschoss verfehlt sein Ziel nur noch um 10 Grad. Die nächste Kugel trifft – Peng! – den Rumpf des näherkommenden Schiffes. Nun haben Sie einen empirischen Beleg und verfügen über eine geeichte Visierlinie.

Jetzt verwenden Sie das restliche Pulver, feuern eine große Kanonenkugel entlang der geeichten Visierlinie ab und versenken das feindliche Schiff.

Wenn wir die Geschichten der Spitzenunternehmen in all unseren wissenschaftlichen Studien durchsehen, stoßen wir auf ein geläufiges Muster: Anfangs sind diese Unternehmen in einem klar abgegrenzten Geschäftsfeld aktiv und platzieren in diesem Geschäftsfeld auch ihre Großwetten. Nach einer Weile nehmen sie eine konzeptuelle Verschiebung vor: Statt *ein Geschäft zu führen, drehen sie nun ein Schwungrad.* Und im Lauf der Zeit vergrößern sie dieses Schwungrad, indem sie erst Gewehr-, dann Kanonenkugeln abfeuern. Sie kurbeln das Schwungrad in ihrem ursprünglichen Geschäftsfeld an, während sie gleichzeitig Gewehrkugeln in anderen Geschäftsfeldern abfeuern, um neue Geschäftsmöglichkeiten zu entdecken und sich gegen Ungewissheiten abzusichern.

Manche Gewehrkugeln gehen ins Leere, andere landen Treffer und schaffen genügend empirische Belege, um dann eine Kanonenkugel abzufeuern. In manchen Fällen verleihen diese Ausweitungen dem Schwungrad einen gewaltigen Zusatzschutz, und in ein paar wenigen Fällen (wie bei Intels Umstieg von Speicherchips auf Mikroprozessoren) ersetzen sie sogar alles zuvor Dagewesene.

Apples Schwungradausweitung hin zum großen Smartphone-Geschäft folgte exakt diesem Muster. 2002 stammte fast der ganze Schub des Apple-Schwungrads aus der Macintosh-PC-Linie. Aber Apple hatte schon eine Gewehrkugel auf dieses kleine Ding namens »iPod« abgefeuert, das sie in ihrem »Form-10-K-Jahresbericht«[20] von 2001 schlicht als »wichtige und natürliche Erweiterung« ihrer PC-Strategie beschrieben. 2002 machte der »iPod« weniger als drei Prozent des Umsatzes von Apple aus. Apple zielte weiter mit dem Gewehr auf den »iPod« und entwickelte nebenbei den Online-Music-Store »iTunes«. Während weitere Kugeln einschlugen, verlieh der »iPod« dem Schwungrad einen Impuls nach dem anderen, bis Apple schließlich eine riesige Kanonenkugel abfeuerte, eine ganz große Wette auf den »iPod« und auf »iTunes«. Apple vergrößerte das Schwungrad Zug um Zug, vom »iPod« zum »iPhone«, vom »iPhone« zum »iPad«. Schließlich wurde Apples Schwungraderweiterung selbst zu seinem mächtigsten Impulsgenerator.[21]

In der folgenden Tabelle habe ich eine Reihe sagenhafter Schwungraderweiterungen aus der Unternehmensgeschichte aufgelistet. In allen Fällen folgten die Firmen der »Erst Geschosse, dann Kanonenkugeln«-Methode, um ihr schon seit Jahren laufendes Schwungrad zu vergrößern und zu beschleunigen.

Wann wird aus einem neuen Geschäftsfeld ein zweites Schwungrad, das sich von einer bloßen Erweiterung unterscheidet? Es scheint, dass die meisten »Folgeschwungräder« auf organische Weise aus Primär-Schwungrädern entstehen, die nach der »Erst Geschosse, dann Kanonenkugeln«-Methode erweitert wurden. Amazon folgte mit seinen Amazon Web Services genau diesem Muster: Amazon bot großen und kleinen Organisationen zu günstigen Konditionen Rechenleistung, Datenspeicherung und Webhosting an, aber auch die Möglichkeit, technologische Dienstleistungen von Drittanbietern zu nutzen. Amazon Web Services begann als firmeninternes System, das als Back-End-Technologie die Amazon-eigenen E-Commerce-Bemühungen unterstützen sollte. 2006 feuerte das Unternehmen eine Gewehrkugel ab. Das neue Angebot: genau die gleichen Dienstleistungen, nur jetzt auch für andere Firmen. Dieses Geschoss traf sein Ziel hinreichend genau, um eine Kanonenkugel hinterherzuschicken. Zehn Jahre später leisteten die Amazon Web Services einen beträchtlichen Beitrag zum Betriebsergebnis von Amazon (obwohl sie immer noch weniger als 10 Prozent des gesamten Umsatzes im Netz ausmachten).[22]

| Unternehmen | Erste Erfolgsarena des Schwungrads | Nächste große Ausweitung des Schwungrads |
|---|---|---|
| 3M | Schleifmittel (z. B. Schmirgelpapier) | Klebstoffe (z. B. Scotch-Klebeband) |
| Amazon | Internetbasierter Einzelhandel | Cloud-basierte Webdienstleistungen für Unternehmen |
| Amgen | Medikamente gegen Anämie | Medikamente gegen Entzündungen und Krebs |
| Apple | PCs | Miniaturcomputer (iPod, iPhone, iPad) |
| Boeing | Militärflugzeuge | Zivilflugzeuge |
| IBM | Rechenmaschinen | Computer |
| Intel | Speicherchips | Mikroprozessoren |
| Johnson & Johnson | Medizin- und OP-Produkte | Gesundheitsprodukte für Endverbraucher |
| Kroger | Kleine Lebensmittelläden | Lebensmittelgroßmärkte |

| Unternehmen | Erste Erfolgsarena des Schwungrads | Nächste große Ausweitung des Schwungrads |
|---|---|---|
| Marriott | Restaurants | Hotels |
| Merck | Chemische Produkte | Medizinische Produkte |
| Microsoft | Computersprachen | Betriebssysteme und Anwendungsprogramme |
| Nordstrom | Schuhläden | Warenhäuser |
| Nucor | Stahlträger | Stahlwaren |
| Progressive | Spezielle Hochrisiko-Autoversicherungen | Standard-Autoversicherungen |
| Southwest Airlines | Billigkurzstreckenflüge (nur innerhalb Texas) | Billigfluglinie (USA-weit) |
| Stryker | Krankenhausbetten | OP-Produkte |
| Walt Disney | Zeichentrickfilme | Themenparks |

Auf den ersten Blick scheinen die Amazon Web Services etwas ganz anderes zu sein als das Einzelhandelsgeschäft mit Endkunden, aber es gibt beträchtliche Ähnlichkeiten. Jeff Bezos schrieb schon 2015 in seinem jährlichen Aktionärsbrief: »Die beiden Geschäftsfelder könnten oberflächlich betrachtet kaum unterschiedlicher sein. Das eine bedient Endkunden, das andere Firmen … Aber unter der Oberfläche sind die beiden überhaupt nicht so verschieden.« Amazon Web Services zielen auf Preissenkungen und Angebotserweiterungen für einen immer größeren Kundenstamm, was zu steigenden Einnahmen über Fixpreise führt, die wiederum dem Schwungrad zusätzlichen Antrieb verleihen. Die ganze Idee besteht darin, dass Unternehmen ihre Technologiebedürfnisse genauso einfach und kostengünstig befriedigen, wie Privatkunden auf dem Marktplatz von Amazon ihre Einkäufe tätigen. Natürlich gibt es Unterschiede in der Art, wie die beiden Geschäftsfelder operieren. Gleichwohl handelt es sich eher um zweieiige Zwillinge als um Abkömmlinge aus völlig verschiedenen Familienzweigen.

Jede Großorganisation wird irgendwann eine Vielzahl von Sub-Schwungrädern am Laufen haben, die alle ihre Besonderheiten aufweisen. Für maximalen Schwung sollten sie jedoch ein und derselben Logik gehorchen. Und jedes Sub-Schwungrad sollte genau ins Gesamtbild passen und zum Erfolg des Ganzen beitragen.

Am wichtigsten ist es, das alles umfassende Schwungrad inklusive aller Bestandteile und Sub-Schwungräder mit schöpferischer Kraft und unablässiger Disziplin am Laufen zu halten. Obwohl Amazon Web Services rasch wuchs und profitabel war, hielt Bezos mit Besessenheit daran fest, das Endkonsumentengeschäft so dynamisch und energisch zu führen, als stünde er gerade erst am Anfang. Letzten Endes machte Amazon selbst bei 200 Milliarden Dollar Jahresgewinn nicht einmal ein Prozent vom globalen Einzelhandelsmarkt aus.[23]

## Bleib beim Schwungrad – und lerne von gefallenen Helden

Wenn man die krachenden Abstürze von einstigen Top-Unternehmen untersucht, sieht man, dass diese die Schlüsselprinzipien aufgeben, die sie überhaupt erst an die Spitze geführt haben. Sie lassen die falschen Leute ans Ruder. Sie wenden sich vom **Erst-wer**-Prinzip ab und hören auf, **die richtigen Leute an Bord zu holen.** Sie blicken der grausamen Realität nicht ins Auge. Sie irren weitab von den drei Kreisen ihres Igel-Prinzips umher und stürzen sich in Aktivitäten, in denen sie es nie bis an die Weltspitze schaffen. Sie ersetzen Disziplin durch Bürokratie. Sie korrumpieren ihre Kernwerte und verlieren ihr Ziel aus den Augen. Und einer der hervorstechendsten Fehler, die einstige Spitzenunternehmen besinnungslos in den Abgrund taumeln lassen, ist die Aufgabe des Schwungradprinzips.

In unseren Untersuchungen zu *How the Mighty Fall* fanden wir heraus, dass der Niedergang früherer Top-Unternehmen fünf Stadien durchläuft. (1) Erfolgshybris, (2) disziplinlose Jagd nach mehr, (3) Risiko- und Gefahrenverleugnung, (4) Griff nach dem rettenden Strohhalm und (5) Kapitulation angesichts der eigenen Irrelevanz oder Tod. Besondere Aufmerksamkeit verdient das vierte Stadium, der Griff nach dem rettenden Strohhalm. Unternehmen in Stadium 4 geraten in einen Teufelskreis, der das exakte Gegenteil zum Aufbau eines gut laufenden Schwungrads darstellt. Sie greifen wahlweise nach charismatischen Rettern, unerprobten Strategien, großen Kanonenkugeln mit geringer Trefferwahrscheinlichkeit, Kulturrevolutionen, »wegweisenden« Übernahmen, Transformationstechnologien, radikalen Restrukturierungen und immer so weiter … Sie wissen schon, was ich meine.

> In Stadium 4 sorgt jeder Griff nach einem rettenden Strohhalm für einen Ausbruch von Hoffnung und erzeugt vorübergehende Schubkraft. Ohne solides Schwungrad ist der Impuls aber nicht von Dauer. Und mit jedem neuen Griff vernichtet das Unternehmen Kapital – Geld, kulturelles Kapital, Vertrauen – und wird schwächer. Wenn das Unternehmen nicht zur Disziplin des Schwungrads zurückfindet, wird es vermutlich weiter abwärts trudeln, bis es Stadium 5 erreicht. Aus Stadium 5 findet kein Unternehmen mehr zurück. *Game over*.

Das Unternehmen Circuit City, das wir für das Buch *Der Weg zu den Besten* untersuchten, »verdiente« sich später einen Platz in *How the Mighty Fall*, weil man aus dem Niedergang von Circuit City ein paar wichtige Lektionen zum Schwungrad lernen kann.

In den Jahren des großen Erfolgs entwickelte sich Circuit City von einem langweiligen Nebenrollendarsteller zu einem Superstar. Grund für den Erfolg war Alan Wurtzels **Level-5-Management**, das einen Mischmasch von Hi-Fi-Läden in ein durchdachtes System von Supermärkten für Konsumelektronik verwandelte und den Investoren über fünfzehn Jahre lang Gesamterträge einbrachte, die achtzehn Mal höher waren als die Durchschnittsgewinne auf dem Aktienmarkt. Aber mit dem Ende der Wurtzel-Ära begann der Niedergang – anfangs nur langsam und

## Die fünf Stadien des Niedergangs

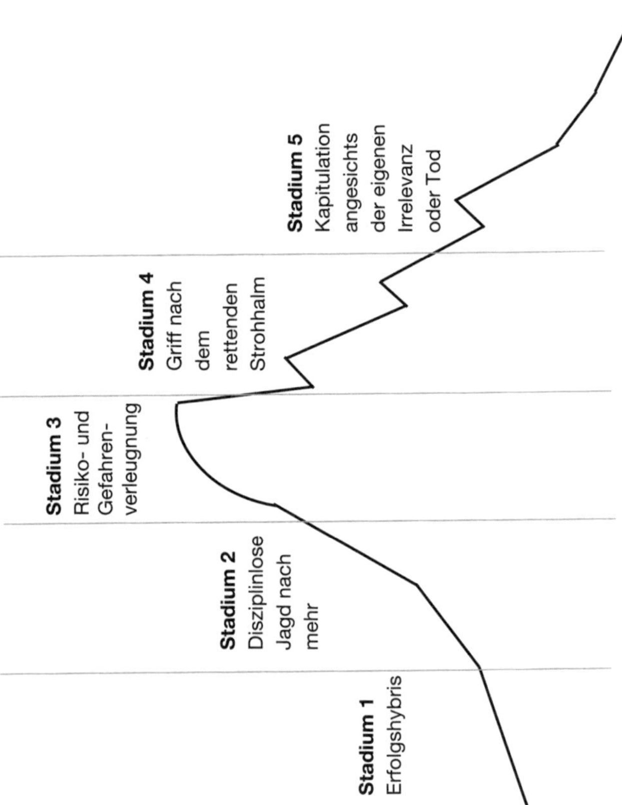

kaum spürbar, wie so oft in den Frühstadien eines Unternehmensniedergangs. Dann aber stürzte Circuit City im freien Fall durch Stadium 4 direkt in Stadium 5 und damit in die Kapitulation und den Tod.

Wie kam es dazu? Ein Großteil der Antwort findet sich in zwei fundamentalen Fehlern, die das Management der Nach-Wurtzel-Ära hinsichtlich des Schwungradprinzips machte. Der erste Fehler: Die neuen Manager ließen sich ablenken auf der Suche nach dem nächsten großen Trend. Circuit City sollte unbedingt tolle neue Wachstumsideen vorweisen können für den Tag X, an dem die landesweiten Expansionsmöglichkeiten für Elektroniksupermärkte die Sättigungsgrenze erreichten. Das war an sich eine gute Idee. Auch Amazon suchte kontinuierlich nach neuen Ideen, um sein Schwungrad weiter anzutreiben. Anders jedoch als Amazon unter Bezos versäumte es Circuit City, sich weiter intensiv um sein Kerngeschäft, den Elektronikeinzelhandel, zu kümmern. Unterdessen trat der Emporkömmling Best Buy als Konkurrent auf den Markt und riss Circuit City das Kerngeschäft aus der Hand.[24]

Der zweite Fehler – und das ist die wichtigste Lektion aus dem Niedergang von Circuit City: Die neuen Manager begriffen nicht, wie weit sich eine grundlegende Schwungradarchitektur erweitern lässt – sie verwechselten die Schwungradarchitektur mit einer einzelnen Geschäftsaktivität. Die große Tragödie von Circuit City besteht darin, dass sie tatsächlich eine spektakuläre Erweiterung namens CarMax erfanden, die gut und gerne Schwung für einige weitere Jahrzehnte hätte liefern können. Mit CarMax wollte man im Gebrauchtwagengeschäft wiederholen, was dem Wurtzel-Team schon mit den Hi-Fi-Läden gelungen war: eine desorganisierte Branche zu professionalisieren und in ein ausgeklügeltes System von Supermärkten unter dem Dach einer vertrauenswürdigen Marke zu überführen.[25]

Circuit City feuerte mit seiner ersten CarMax-Filiale in Richmond, Virginia, eine Gewehrkugel ab. Treffer. Also schossen die Manager eine weitere Kugel hinterher, indem sie einen zweiten CarMax in Raleigh, North Carolina, eröffneten, der sich ebenfalls als Erfolg erwies. Als Nächstes folgten zwei Schüsse in Atlanta, Georgia. Mit dem empirischen Beleg in Händen feuerten sie eine Kanonenkugel ab, indem sie CarMax-Großmärkte eröffneten und in neue Regionen vorstießen: Florida, Texas, Kalifornien … Anfang der 2000er-Jahre wuchs CarMax jedes Jahr um fast 25 Prozent, wobei das Unternehmen 2002 mehr als drei Milliarden Dollar abwarf.[26]

Halten Sie jetzt inne und denken Sie eine Minute nach. Wie zeichnete der Erfolg von CarMax den Abstieg von Circuit City vor? Mit CarMax hatte Circuit City eine gigantische Erweiterung seines Schwungrads vorgenommen, das jahrelang weiteren Schub hätte liefern können. Die Erweiterung des CarMax-Schwungrads hätte genauso funktionieren können wie Apples Schwungradvergrößerung von PCs zu smarten Miniaturcomputern, Boeings Schwungradausweitung von propellergetriebenen Bombern fürs Militär zu zivilen Passagierjets, Marriotts Schwungradausweitung von Restaurants zu Hotels oder Disneys Schwungradausweitung von Zeichentrickfilmen zu Themenparks. Und für den Fall, dass sich die Elektronikgroßmärkte als Geschäftszweig nicht weiter halten ließen, hätte das Unternehmen seine ganze Energie auf CarMax umlenken können (ähnlich wie Intels Umstieg von Speichern auf Mikroprozessoren). Es hätte allerdings konzeptioneller Weitsicht bedurft, um CarMax als Ausweitung einer grundlegenden Schwungradarchitektur zu begreifen.

Leider entledigte sich das neue Managementteam der CarMax-Großmärkte, indem es CarMax in ein separates Unternehmen abschob. Das war so, als wenn Intel 1985 beschlossen hätte, das Mikroprozessorengeschäft loszuwerden und das Speicherchipgeschäft zu behalten. Das ausgelagerte Mikroprozessorunternehmen wäre wohl ein Erfolg geworden, aber Intel wäre wahrscheinlich kaputtgegangen. Zum Glück für Intel verfügten Grove und Moore über den strategischen Scharfsinn, das Mikroprozessorgeschäft als eine Ausweitung ihres grundlegenden Schwungrads zu erkennen. Circuit City schaffte diesen konzeptionellen Sprung nicht.

So schrieb Alan Wurtzel später in seinem Buch *Good to Great to Gone* (dessen Lektüre ich nur wärmstens empfehlen kann): »Aus einer langfristigen Perspektive betrachtet, ist es bedauerlich, dass man CarMax nicht im Portfolio von Circuit City belassen hat … Die anfängliche Idee für CarMax hatte darin bestanden, ein Portfolio von Einzelhandelsunternehmen zu kreieren. Sobald eines voll ausgereift war, sollte ein weiteres dazukommen und so das Gesamtwachstum weiter am Laufen halten.«[27] Wurtzel verstand CarMax als Teil eines größeren Schwungrades, aber seine Nachfolger sahen das anders. Wenn Circuit City seine Elektronikgroßmärkte weiterentwickelt und erneuert hätte (wie Best Buy das tat) und sein zugrunde liegendes Schwungrad weiter verbessert hätte (so wie mit CarMax), wäre es ein Spitzenunternehmen geblieben und im S&P-500-Index stetig weiter nach oben geklettert. Stattdessen verlor das Circuit-City-Schwungrad jeden Schub und trudelte abwärts – immer tiefer schleuderte der Teufelskreis das Unternehmen in den Abgrund der Bedeutungslosigkeit, bis das einstige Top-Unternehmen im Winter 2008 sein Leben aushauchte.[28]

## Das Urteil der Geschichte

Nach einem Vierteljahrhundert Forschungsarbeit zu der Frage, wie Spitzenunternehmen ticken – mit mehr als 6 000 Jahren kumulierter Unternehmensgeschichte in unserer Forschungsdatenbank –, lässt sich ein klares Urteil fällen. Die großen Gewinner sind diejenigen, die ein Schwungrad von zehn Umdrehungen auf eine Milliarde Umdrehungen beschleunigen, und nicht diejenigen, die sich nach zehn Umdrehungen auf ein neues Schwungrad verlegen, das sie wieder auf zehn Umdrehungen bringen, nur um dann etwas von seiner Antriebsenergie für ein weiteres Schwungrad abzuzweigen, und dann noch eins und noch eins … Wenn Ihr Schwungrad 100 Umdrehungen macht, bringen Sie es auf 1 000 Umdrehungen, dann auf 10 000, dann auf eine Million, zehn Millionen und immer weiter bis zur bewussten Entscheidung, dieses Schwungrad aufzugeben (oder auch nicht). Steigen Sie definitiv aus oder erneuern Sie es, aber vernachlässigen Sie niemals Ihr Schwungrad! Legen Sie Ihre ganze Kreativität und Disziplin in jede einzelne und in alle Umdrehungen, gerade so, als stünden Sie erst am Anfang! Sorgen Sie immerzu unerbittlich für neuen Schwung! Wenn Sie das befolgen, wird Ihre Organisation mit hoher Wahrscheinlichkeit nie in *How the Mighty Fall* auftauchen, sondern einen Platz unter den wenigen finden, die nicht nur den Sprung zu den Besten schaffen, sondern immer erfolgreich bleiben.

ANHANG

# DAS SCHWUNGRAD IN EINEM ÜBERGEORDNETEN RAHMEN

## Eine Landkarte für den Weg zu den Besten

Die vorliegende Erweiterung habe ich geschrieben, um praxisorientierte Erkenntnisse über das Schwungradprinzip zu teilen, die sich in den Jahren seit der erstmaligen Niederschrift des Schwungradeffekts in Kapitel 8 von *Der Weg zu den Besten* ergeben haben. Ich habe mich dazu entschieden, weil ich in einer Vielzahl von Organisationen Zeuge der Kraft des Schwungrads geworden bin: in öffentlichen Körperschaften und Privatunternehmen, multinationalen Konzernen und kleinen Familienunternehmen, in militärischen Organisationen und Profisportteams, in Schulsystemen und Kliniken, Investmentfirmen und philanthropischen Unternehmen, bei sozialen Bewegungen und im Non-Profit-Sektor.

Dennoch reicht der Schwungradeffekt allein nicht aus, um eine Organisation an die Spitze zu führen.

Das Schwungrad gehört zu einem Prinzipiengerüst, das wir in mehr als einem Vierteljahrhundert Forschung freigelegt haben, wobei uns immer die Frage geleitet hat, wie Spitzenunternehmen funktionieren. Wir gewannen diese Prinzipien durch eine strenge Vergleichsmethode, bei der wir Unternehmen einander gegenüberstellten, von denen (unter vergleichbaren Umfeldbedingungen) eines zur Spitze vorstieß und das andere nicht. Wir analysierten den Verlauf kontrastierender Entwicklungen systematisch und fragten uns: »Was erklärt den Unterschied?« (siehe dazu das folgende Diagramm »Die Paarvergleichs-Untersuchungsmethode aus *Der Weg zu den Besten*).

Meine Forschungskollegen und ich brachten die Methode historischer Vergleichsfälle in vier größeren Studien zur Anwendung, wobei jede eine andere Optik aufsetzte. Daraus entstanden vier Bücher: *Immer erfolgreich: Die Strategien der Topunternehmen* (zusammen mit Jerry I. Porras)[29], *Der Weg zu den Besten – Die sieben Management-Prinzipien für dauerhaften Unternehmenserfolg*, *How the Mighty Fall*[30] und *Oben bleiben. Immer* (zusammen mit Morten T. Hansen)[31]. Über den Business-Sektor hinausgehend fanden die Prinzipien auch in *Good to great and the Social Sectors*[32] Anwendung.

In unseren Forschungsergebnissen stach immer wieder die Rolle der Disziplin heraus, wenn es darum geht, die Spitze vom Mittelmaß zu trennen. Echte

**Die Paarvergleichs-Untersuchungsmethode aus *Der Weg zu den Besten***

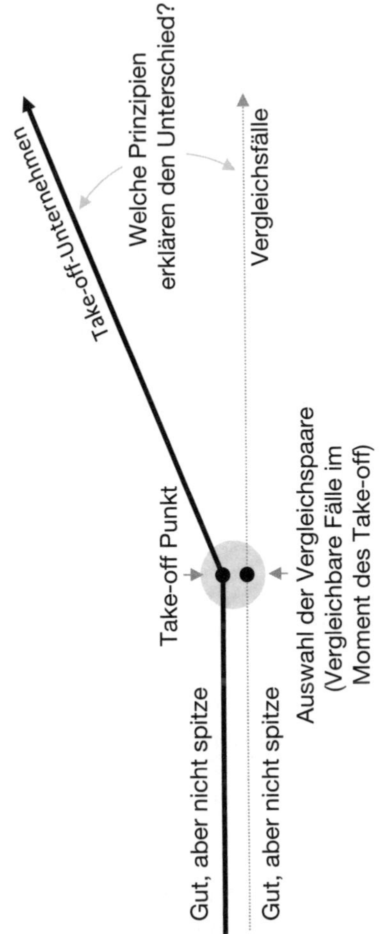

Disziplin erfordert geistige Unabhängigkeit. Nur so lassen sich Konformitätszwänge abwehren, die mit Werten, Leistungsstandards und langfristigen Ansprüchen unvereinbar sind. Die einzig legitime Form von Disziplin ist Selbstdisziplin, der innere Wille, das zu tun, was notwendig ist, um ein Spitzenergebnis zu erzielen, egal wie schwierig das sein mag. Wenn disziplinierte Menschen für Sie arbeiten, brauchen sie keine Hierarchien. Wenn sie diszipliniert denken, brauchen sie keine Bürokratie. Wenn sie diszipliniert handeln, brauchen sie keine übermäßigen Kontrollen. Wenn Sie eine Kultur der Disziplin mit einer unternehmerischen Ethik verbinden, schaffen Sie eine machtvolle Mixtur, die mit Spitzenleistung einhergeht.

Um eine dauerhafte Spitzenorganisation aufzubauen – sei es im Business- oder im Sozialsektor –, brauchen Sie disziplinierte Menschen, die diszipliniert denken und handeln, die überzeugende Ergebnisse abliefern und damit für einen Unterschied in der Welt sorgen. Dann brauchen Sie die Disziplin, um über lange Zeit hinweg für Schwung zu sorgen und um die Fundamente für nachhaltigen Erfolg zu legen. Diese vier Stadien bilden das Rückgrat eines erfolgreichen Ordnungsrahmens:

- Stadium 1: Disziplinierte Menschen
- Stadium 2: Diszipliniertes Denken

- Stadium 3: Diszipliniertes Handeln
- Stadium 4: Am stetigen Erfolg bauen

Jedes der vier Stadien besteht aus zwei oder drei fundamentalen Prinzipien. Das Schwungradprinzip bildet ein zentrales Element des Ordnungsrahmens. Es fungiert als Dreh- und Angelpunkt vom disziplinierten Denken zum disziplinierten Handeln. Im Folgenden gebe ich einen kurzen Überblick über die einzelnen Prinzipien.

## STADIUM 1: Disziplinierte Menschen

### Level-5-Führungsqualitäten

Level-5-Manager verfügen über eine machtvolle Mischung aus persönlicher Demut und unzähmbarem Willen. Sie sind unglaublich ehrgeizig, aber ihr Ehrgeiz gilt in erster Linie der Sache, der Organisation und ihren Zielen, nicht ihnen selbst. Obwohl Level-5-Manager mit sehr unterschiedlichen Charakteren aufwarten, sind sie oft bescheiden, ruhig und zurückhaltend, wenn nicht gar scheu. Jeder von uns erforschte Take-off zu einem Spitzenunternehmen begann mit einem Level-5-Manager, der die Mitarbeiter mehr mit intelligenten Standards als mit seiner inspirierenden Persönlichkeit motivierte. Dieses Konzept wurde zum ersten Mal in *Der Weg zu den Besten* entwickelt und in *Good to Great and the Social Sectors* weiter verfeinert.

## Erst wer … dann was – Holen Sie die richtigen Mitarbeiter an Bord

Manager von Take-off-Unternehmen holen erst die richtigen Mitarbeiter an Bord (und werfen die falschen Leute raus), bevor sie ausknobeln, wo der Bus hinfahren soll. Sie denken immer *zuerst* über das »Wer« und *dann* über das »Was« nach. Wenn man mit Chaos und Unsicherheit konfrontiert ist und vielleicht nicht voraussehen kann, was einen hinter der nächsten Ecke erwartet, ist die beste Strategie, eine Busladung voller Menschen zu haben, die sich perfekt anpassen und perfekte Leistung bringen können, egal, was als Nächstes passiert. Eine tolle Vision ohne großartige Leute ist irrelevant. Dieses Konzept wurde zuerst in *Der Weg zu Besten* entwickelt und in dem Buch *Good to Great and the Social Sectors* weiter verfeinert.

## STADIUM 2: DISZIPLINIERTES DENKEN

### DIE SCHÖPFERISCHE KRAFT DES »UND«

Die Schöpfer von Großem verwerfen die »Tyrannei des ODER« und öffnen sich der »schöpferischen Kraft des UND«. Sie umfassen im gleichen Moment die Extreme verschiedener Dimensionen. Zum Beispiel: Kreativität UND Disziplin. Freiheit UND Verantwortung, der Realität ins Auge blicken UND nie den Mut verlieren, empirische Überprüfung UND entschiedenes Handeln, Risikobegrenzung UND große Wetten, produktive Paranoia UND eine kühne Vision, Sinnhaftigkeit UND Profit, Kontinuität UND Wandel, Kurzfristigkeit UND Langsicht. Dieses Konzept wurde in *Immer erfolgreich. Die Strategien der Topunternehmen* eingeführt und in *Good to Great and the Social Sectors* weiter ausgefeilt.

### Der Realität ins Auge blicken – das Stockdale-Paradox

Produktiver Wandel beginnt damit, dass man der Realität ins Auge blickt. Den besten gedanklichen Rahmen für den Weg zur Spitze repräsentiert das Stockdale-Paradox: Halte am absoluten Glauben fest, dass du dich unabhängig von allen Schwierigkeiten am

Ende durchsetzen kannst und willst, und unterwirf dich *zur selben Zeit* der Disziplin, der harten Realität ins Auge zu blicken, wie auch immer sie aussehen mag. Dieses Konzept wurde in den vorangehenden Kapiteln von *Der Weg zu den Besten* komplett ausgearbeitet.

## Das Igel-Prinzip

Das Igel-Prinzip ist so einfach wie klar und entspringt der tiefen Einsicht in die Schnittmenge der folgenden drei Kreise: (1) Was ist unsere wahre Passion? (2) Worin können wir die Besten werden? (3) Was ist unser wirtschaftlicher Motor? Wenn ein Führungsteam seine Entscheidungsfindung mit fanatischer Disziplin auf diese drei Kreise abstimmt, nimmt es Fahrt in Richtung Take-off auf. Dazu gehört nicht nur die Disziplin des *Was?*-Tuns, sondern auch die des *Was-nicht?*-Tuns und des *Was-nicht-mehr?*-Tuns. Dieses Konzept wurde erstmalig in *Der Weg zu Besten* entwickelt und in dem Buch *Good to Great and the Social Sectors* weiter verfeinert.

## Stadium 3: Diszipliniertes Handeln

### Das Schwungrad

Egal, wie dramatisch das Ergebnis am Ende aussieht – ein Spitzenunternehmen wird nie auf einen Schlag erbaut. Es gibt weder die eine entscheidende Tat noch das grandiose Programm, weder die eine Killerinnovation noch den einsamen glücklichen Durchbruch oder das plötzliche Wunder. Stattdessen ähnelt der Prozess dem unablässigen Anschub eines riesigen, schweren Schwungrads, das man Umdrehung für Umdrehung auf Touren bringt bis zu einem Punkt des Umschwungs und darüber hinaus. Um den Schwungradeffekt zu maximieren, müssen Sie wissen, wie Ihr *spezielles* Schwungrad funktioniert. Der Schwungradeffekt wurde erstmals in *Der Weg zu Besten* entwickelt und in seiner Anwendung breit dargestellt.

### 20-Meilen-Marsch

Unternehmen, die in einer turbulenten Welt prosperieren, erlegen sich strenge Leistungsziele auf, die sie mit unerbittlicher Konsequenz erreichen müssen – vergleichbar mit der Durchquerung eines Riesenkontinents, bei der man jeden Tag mindestens 20 Meilen zurücklegen müsste, egal unter welchen Bedingungen. Der Marsch erzwingt Ordnung inmitten von Unordnung, Disziplin inmitten von Chaos und Kontinuität inmitten von Ungewissheit. Für die meisten Organisationen funktioniert ein einjähriger 20-Meilen-Takt gut, wenngleich er kürzer oder länger sein könnte. Wie lange die Strecken im Einzelnen auch sind: Der 20-Meilen-Marsch erfordert sowohl kurzfristige (Sie müssen das Marschziel *heute* erreichen) als auch langfristige Zielsetzungen (Sie müssen ihr Marschziel *jeden Tag* über Jahre und Jahrzehnte hinweg erreichen). Als solche stellt der Marsch eine verfeinerte Form disziplinierten Handelns dar, die streng mit dem Erreichen einer durchschlagenden Leistung und der Impulserhaltung des Schwungrades übereinstimmt. Dieses Konzept ist in dem Buch *Oben bleiben. Immer* umfassend dargestellt.

## Erst (kleine) Geschosse, dann Kanonenkugeln

Die Fähigkeit, Innovation zu *skalieren* – also kleine, treffende Ideen (Gewehrkugeln) in große Erfolge (Kanonenkugeln) zu verwandeln –, kann gewaltige, explosive Impulse liefern. Zuerst feuern Sie Gewehrkugeln ab (geringe Kosten; geringes Risiko; Experimente, die nicht groß ablenken), um herauszufinden, was funktioniert. So kalibrieren Sie Ihre Visierlinie mittels kleiner Schüsse. Sobald Sie eine empirische Validierung besitzen, feuern Sie eine Kanone entlang der kalibrierten Visierlinie ab (und setzen Ihre Ressourcen auf eine große Wette). Kalibrierte Kanonenschüsse entsprechen überragenden Ergebnissen; unkalibrierte Kanonenschüsse entsprechen einem Desaster. Erst kleinere Kaliber, dann Kanonen abzufeuern bildet einen grundlegenden Mechanismus, um die Reichweite des Igel-Prinzips einer Organisation zu vergrößern und sein Schwungrad auf völlig neue Schauplätze auszuweiten. Dieses Konzept wurde in *Der Weg zu den Besten* ausführlich dargestellt.

## Stadium 4: Am stetigen Erfolg bauen

### Produktive Paranoia

Die einzigen Fehler, aus denen Sie etwas lernen können, sind die Fehler, die Sie überleben. Manager, die Turbulenzen durchsteuern und den Niedergang abwehren, wissen, dass sich die Bedingungen unerwartet brutal und schnell ändern können. Fast zwanghaft stellen sie die Frage: »Was passiert, wenn? Was passiert, wenn? Was passiert, wenn?« Indem sie ihrer Zeit immer einen Schritt voraus sind, Reserven anlegen, Sicherheitsspielräume wahren, Risiken eingrenzen und in guten wie in schlechten Zeiten an ihrer Disziplin arbeiten, bewältigen sie Krisen aus einer Position der Stärke und der Flexibilität heraus. Produktive Paranoia hilft, Organisationen dagegen zu impfen, in die fünf Stadien des Niedergangs zu geraten, die das Schwungrad aushebeln und eine Organisation zerstören können. Diese Stadien heißen: (1) Erfolgshybris, (2) disziplinlose Jagd nach mehr, (3) Risiko- und Gefahrenverleugnung, (4) Griff nach dem rettenden Strohhalm und (5) Kapitulation vor der eigenen Irrelevanz oder Tod. Das Prinzip der produktiven Paranoia wird in dem Buch *Oben bleiben. Immer* ausführlich entwickelt, die fünf Stadien des Niedergangs in *How The Mighty Fall*.

## Uhrmacher, nicht Zeitansager

Wer als charismatischer Visionär führt – als »Genie mit tausend Helfern«, von dem alles abhängt –, ist ein Zeitansager. Wer dagegen eine Kultur formt, die unabhängig von einem einzelnen Manager gedeiht, ist ein Uhrmacher. Wer nach der einen großen Erfolgsidee sucht, ist ein Zeitansager. Uhrmacher dagegen bauen Organisationen auf, die viele großartige Ideen hervorbringen können. Manager, die nachhaltige Spitzenunternehmen aufbauen, sind eher Uhrmacher als Zeitansager. Für echte Uhrmacher sind Organisationen dann erfolgreich, wenn sie ihre Großartigkeit nicht nur für die Dauer einer Managementära beweisen, sondern wenn die nächste Managementgeneration das Schwungrad weiter beschleunigt. Dieses Konzept finden Sie in ausführlich dargestellt in *Immer erfolgreich. Die Strategien der Topunternehmen.*

## Den Kern bewahren/ die Weiterentwicklung fördern

Nachhaltige Spitzenorganisationen zeichnen sich durch eine doppelte Dynamik aus. Auf der einen Seite verfügen sie über eine Anzahl zeitloser Kernwerte und Kernziele (ihre Daseinsberechtigung), die über die Zeit hinweg unverändert bleiben. Auf der anderen Seite besitzen sie einen unerbittlichen Fortschrittsdrang – nach Wandel, Optimierung, Innovation und Erneuerung. Spitzenorganisationen kennen den Unterschied zwischen ihren Kernwerten und Kernzielen (die sie nie ändern) und den operativen Praktiken und kulturellen Strategien (die sie unablässig an eine sich verändernde Welt anpassen). Der Fortschrittsdrang manifestiert sich oft in riskanten, hochgesteckten Zielen (RHZs), die die Organisation zur Entwicklung völlig neuer Fähigkeiten animieren. Viele der besten RHZs stammen aus natürlichen Ausweitungen des Schwungradeffekts. Manager stellen sich zuerst vor, wie weit der Schwungradeffekt tragen kann, und versuchen dann, diese Vorstellung ins Werk zu setzen. Dieses Konzept wurde in *Immer erfolgreich. Die Strategien der Topunternehmen* erstmals vorgestellt und in *Der Weg zu den Besten* weiterentwickelt.

## Verzehnfacher

### Glücksrendite

Schließlich gibt es ein Prinzip, das alle anderen Rahmenprinzipien verstärkt, das Prinzip der Glücksrendite. Unsere Untersuchungen zeigten, dass Take-off-Unternehmen nicht grundsätzlich mehr Glück hatten als ihre Vergleichsgruppe – sie hatten nicht mehr Glück, nicht weniger Pech, keine größeren Glückstreffer oder besser getimtes Glück. Aber sie hatten eine höhere *Glücksrendite*, weil sie aus ihrem Glück mehr machten als andere. Die entscheidende Frage ist nicht, ob man Glück hat. Sie heißt vielmehr: Was *tun* Sie mit dem Glück, das Sie haben? Wenn sie aus einem Glücksfall eine hohe Rendite ziehen, kann dies Ihrem Schwungrad gewaltigen Zusatzschub verleihen. Wenn Sie im umgekehrten Fall schlecht darauf vorbereitet sind, ein Unglücksereignis aufzufangen, kann dies das Schwungrad blockieren oder gefährden. Dieses Prinzip finden Sie in *Oben bleiben. Immer* ausführlich erläutert.

## Die Erträge von Größe

Die vorangegangenen Prinzipien sind die *Investitionen* für den Aufbau einer Spitzenorganisation. Verstehen Sie sie als eine Art »Plan«, dem man folgen muss, um eine herausragende Firma oder ein Top-Unternehmen im Sozialsektor aufzubauen. Was aber sind die *Erträge*, die eine Spitzenorganisation definieren? Fragen wir also nicht, wie Sie es zu den Besten schaffen, sondern fragen wir, was eine Top-Organisation *ist* – welche Kriterien bestimmen ihre Größe? Dafür gibt es drei Prüfungen: *Spitzenresultate*, *unverwechselbare Wirkung* und *nachhaltige Leistung*.

### Spitzenresultate

In der Geschäftswelt wird Leistung über finanzielle Resultate – als Rentabilität des investierten Kapitals – und über das Erreichen von Unternehmenszielen definiert. Im sozialen Sektor wird Leistung durch Resultate und Effizienz beim Einlösen Ihrer gesellschaftlichen Mission bestimmt. Aber egal, ob im geschäftlichen oder im sozialen Bereich: Immer müssen Sie Top-Ergebnisse erzielen. Lassen Sie mich eine Analogie verwenden: Wenn Sie eine Sportmannschaft wären, müssen Sie Meister werden. Gelingt es Ihnen nicht, die Sportart Ihrer Wahl zu dominieren, hält man Sie nicht wirklich für Spitze.

## Unverwechselbare Wirkung

Ein echtes Top-Unternehmen leistet einen so einzigartigen Beitrag für die Allgemeinheit und meistert seine Arbeit mit solch ungetrübter Exzellenz, dass es für den Fall seines Verschwindens eine klaffende Lücke hinterließe, die von keiner anderen Institution weltweit einfach gefüllt werden könnte. Angenommen, Ihre Organisation würde verschwinden, wer würde sie vermissen und warum? Dazu muss man nicht groß sein. Denken Sie nur mal an ein kleines, aber feines Restaurant, das schrecklich fehlen würde, wenn es plötzlich weg wäre. »Groß« bedeutet nicht »großartig«, und »großartig« muss nicht »groß« heißen.

## Nachhaltige Leistung

Ein echtes Top-Unternehmen prosperiert über lange Zeit hinweg – jenseits von tollen Ideen, Marktchancen, Technologiezyklen oder kapitalkräftigen Programmen. Wenn es von Tiefschlägen gebeutelt wird, findet es einen Weg, wieder auf die Beine zu kommen – und das stärker als je zuvor. Ein Top-Unternehmen überwindet jede Abhängigkeit von einem einzelnen Ausnahmemanager. Wenn Ihre Organisation ohne Sie nicht spitze sein kann, dann ist sie nicht wirklich spitze!

Zum Schluss eine Warnung: Glauben Sie nie, dass Ihr Unternehmen seine ultimative Top-Leistung erreicht hat. Der Weg zu den Besten endet nie! Egal, wie weit wir schon gehen mussten, egal, wie viel wir bereits erreicht haben, wir sind bloß so gut wie das, was wir als Nächstes tun. Spitzenleistung ist von Natur aus ein dynamischer Prozess, kein Endpunkt. In dem Moment, in dem Sie sich selbst für Spitze halten, haben Sie bereits angefangen, in Richtung Mittelmaß abzugleiten.

# Anmerkungen

1 Stephen Ressler, *Understanding the World's Greatest Structures* (Chantilly, VA: The Teaching Company, 2011), Lecture 24.

2 Brad Stone, Der Allesverkäufer: Jeff Bezos und das Imperium von Amazon (Frankfurt, Campus 2013, Deutsch von Bernhard Schmid), 6 ff., 12, 14, 100 ff., 126 ff., 188, 262 f., 268.

3 Erika Fry, »Mutual Fund Giant Vanguard Flexes Its Muscles«, *Fortune,* December 8, 2016, http://fortune.com/vanguard-mutual-funds-investment/; »Fast Facts about Vanguard«, *The Vanguard Group, Inc*, (2017 zuletzt aufgerufen), https://about.vanguard.com/who-we-are/fast-facts/.

4 Robert N. Noyce, »MOSFET Semiconductor IC Memories«, *Electronics World,* October 1970, 46; Gene Bylinsky, »How Intel Won Its Bet on Memory Chips«, *Fortune,* November 1973, 142–147, 184; Robert N. Noyce, »Innovation: The Fruit of Success«, *Technology Review,* February 1978, 24; »Innovative Intel«, *Economist,* June 16, 1979, 94; Michael Annibale, »Intel: The Microprocessor Champ Gambles on Another Leap Forward«, *Business Week,* April 14, 1980, 98; Mimi Real and Robert Warren, *A Revolution* in *Progress ... A History of Intel to Date* (Santa Clara, CA: Intel Corporation,

1984), 4; Gordon E. Moore, »Cramming More Components onto Integrated Circuits«, *Proceedings of the IEEE,* January 1998, 82 f.; Leslie Berlin, *The Man Behind the Microchip* (New York, NY: Oxford University Press, 2005), 160, 170 ff.; »Moore's Law«, *Intel Corporation,* (2018 zuletzt aufgerufen), http://www.intel.com/technology/mooreslaw/.

5 Andrew S. Grove, *Only the Paranoid Survive: How to Exploit the Crisis Points that Cha1llenge Every Company* (New York, NY: Crown Business; Ist Currency Pbk. Ed edition, April 23, 2010), 85–89.

6 James C. Collins and William C. Lazier, *Managing the Small to Mid-Sized Company* (New York, NY: Richard D. Irwin Publishers, 1995), C47-C74.

7 James C. Collins and William C. Lazier, *Managing the Small to Mid-Sized Company* (New York, NY: Richard D. Irwin Publishers, 1995), C47–C74.

8 Jim Collins, Morten T. Hansen: *Oben bleiben. Immer.* Frankfurt, Campus, 2012, 110; Brad Stone, *Der Allesverkäufer* (Frankfurt, Campus, 2013), 34.

9 Gerard J. Tellis and Peter N. Golder, *Will & Vision* (New York, NY: McGraw-Hill, 2002), 257; Jim Collins, *Der Weg zu den Besten.* Frankfurt, Campus 2020; Jim Collins, Morten T. Hansen: *Oben bleiben. Immer.* Frankfurt, Campus, 2012; Brad Stone, *Der Allesverkäufer* (Frankfurt, Campus, 2013), 70–73, 76, 89 f., 168; Jim Collins, Jerry I. Porras, *Immer erfolgreich. Die Strategien der Topunternehmen*, 1997, Stuttgart, München.

10 Interview mit Deb Gustafson; Karin Chenoweth, »The Homework Conundrum« *The Huffington Post,* March 12, 2014, http://www.huffingtonpost.com/KarinChenoweth/the-homework-conundrum_b_4942273.html.

11 Interview mit Deb Gustafson; Karin Chenoweth, »How it's Being Done: Urgent Lessons from Unexpexted Schools –

Student Services Symposium«, *The Education Trust*, May 17, 2010, 24 ff.

12 Interview mit Deb Gustafson.

13 »About«, *Ojai Music Festival*, (2018 zuletzt aufgerufen), https://www.ojaifestival.org/about/; »Milestones«, *Ojai Music Festival,* (2018 zuletzt aufgerufen), https://www.ojaifestival.org/about/milestones/.

14 Interview mit Tom Morris.

15 »Inuksuit, John Luther Adams, and Ojai«, *Ojai Music Festival,* (2018 zuletzt aufgerufen), https://www.ojaifestival.org/inuksuit-john-luther-adams-and-ojai/.

16 Interview mit Tom Morris.

17 Interview mit Dr. Toby Cosgrove; Toby Cosgrove, *The Cleveland Clinic Way: Lessons* in *Excellence from one of the World's Leading Health Care Organizations* (New York, NY: McGraw-Hill Education, 2013).

18 Interview mit Dr. Toby Cosgrove; Toby Cosgrove, *The Cleveland Clinic Way: Lessons* in *Excellence from one of the World's Leading Health Care Organizations* (New York, NY: McGraw-Hill Education, 2013); »Toby Cosgrove, M.D., Announces His Decision to Transition from President, CEO Role«, *Cleveland Clinic,* May I, 2017, https://newsroom.clevelandclinic.org/2017/05/01/toby-cosgrove-m-d-announces-decision-transition president-ceo-role/; Lydia Coutré, »The Cosgrove Era Comes to a Close«, *Cleveland Business,* December 10, 2017, http://www.crainscleveland.com/article/20171210/news/145131/cosgrove-era-comes-close.

19 Jim Collins, Morten T. Hansen: *Oben bleiben. Immer.* Frankfurt, Campus, 2012, 4. Kapitel.

20 Standardisierte Form eines Jahresberichts, den die amerikanische *Securities and Exchange Commission SEC* von allen Aktienunternehmen einfordert (*Anm. d. Übersetzer*).

21 Jim Collins, Morten T. Hansen: *Oben bleiben. Immer.* Frankfurt, Campus, 2012, S. 133–139.

22 Amazon, *Fiscal 2015 Annual Letter to Shareholders* (Seattle, WA: Amazon, 2015); Amazon, *Fiscal 2016 Annual Report* (Seattle, WA: Amazon, 2016); Amazon, *Fiscal 2017 Annual Report* (Seattle, WA: Amazon, 2017); Alex Hern, »Amazon Web Services: the secret to the online retailer's future success«, *The Guardian,* February 2, 2017, https://www.theguardian.com/technology/2017/feb/02/amazon-web-services-the-secret-to-the-onlineretailers-future-success; Robert Hof, »Ten Years Later, Amazon Web Services Defies Skeptics«, *Forbes,* March 22, 2016, https://www.forbes.com/sites/roberthof/2016/03/22/ten-years-later-amazon-web-services-defies-skeptics/#244356466c44.

23 Amazon, *Fiscal 2017 Annual Report* (Seattle, WA: Amazon, 2017); »Global Retail lndustry Worth USD 28 Trillion by 2019 – Analysis, Technologies & Forecasts Report 2016–2019 – Research and Markets«, *Business Wire,* June 30, 2016, https://www.businesswire.com/news/home/20160630005551/en/Global-Retail-lndustry-Worth-USD-28-Trillion.

24 Jim Collins, *How the Mighty Fall: And Why Some Companies Never Give In* (Boulder, CO: Jim Collins, 2009), 29–36.

25 Alan Wurtzel, *Good to Great to Gone: The 60 Year Rise and Fall of Circuit City* (New York, NY: Diversion Books, Kindle Edition, 2012), Chapter 8; Circuit City Stores, Inc., *Fiscal2002 Annual Report* (Richmond, VA: Circuit City Stores, Inc., 2002); Michael Janofsky, »Circuit City Takes a Spin at Used Car Marketing«; *The New York Times,* October 25, 1993, http://www.nyt imes.com/ 1993/10/25/business/circuit-city-takes-a-spin-at-used-car-marketing.html; Mike McKesson, »Circuit City at Wheel of New Deal for Used-Car Shoppers: Megastores«, *Los Angeles*

*Times,* January 28, 1996, http://articles.latimes.com/1996-01-28/news/mn-29582_1_circuit-city.

26 Alan Wurtzel, *Good to Great to Gone: The 60 Year Rise and Fall of Circuit City* (New York, NY: Diversion Books, Kindle Edition, 2012), Chapter 8; Circuit City Stores, Inc., *Fiscal 2002 Annual Report* (Richmond, VA: Circuit City Stores, Inc., 2002).

27 Alan Wurtzel, *Good to Great to Gone: The 60 Year Rise and Fall of Circuit City* (New York, NY: Diversion Books, Kindle Edition, 2012) Position 3542 von 5094.

28 Alan Wurtzel, *Good to Great to Gone: The 60 Year Rise and Fall of Circuit City* (New York, NY: Diversion Books, Kindle Edition, 2012) Kapitel 8 und 10; Jesse Romero »The Rise and Fall of Circuit City«, *Federal Reserve Bank of Richmond*, 2013; Jim Collins, *How the Migthy Fall: And Why Some Companies Never Give In* (Boulder, Co: Jim Collins, 2009), 29–36.

29 Jim Collins and Jerry I. Porras, *Immer erfolgreich: Die Strategien der Top-Unternehmen*, dtv, München, 2005.

30 Jim Collins, *How The Mighty Fall: And Why Some Companies Never Give In*, Harper Collins, N.Y./Random House, London, 2009.

31 Jim Collins and Morten T. Hansen, *Oben bleiben. Immer*, Campus, Frankfurt, 2012.

32 Jim Collins, *Good to Great and the Social Sectors: A Monograph to Accompany GOOD TO GREAT*, Random House, London, 2006.

# Über den Autor

Jim Collins erforscht und lehrt, wie Spitzenunternehmen ticken, und steht Managern im Business- und Sozialsektor als sokratischer Ratgeber zur Seite. Nach mehr als einem Vierteljahrhundert gründlicher Forschung hat er – zum Teil zusammen mit Ko-Autoren – sechs Bücher verfasst, die weltweit insgesamt mehr als zehn Millionen Mal verkauft wurden. Dazu gehören *Der Weg zu den Besten*, *Immer erfolgreich: Die Strategien der Topunternehmen*, *How The Mighty Fall* und *Oben bleiben. Immer.*

Angetrieben von unerschöpflicher Neugier begann Collins seine Karriere als Forscher und Lehrer an der *Stanford Graduate School of Business*, wo er 1992 einen Preis für herausragende Lehre bekam. 1995 gründete er in Boulder, Colorado, ein Institut für Managementforschung.

Neben seiner Forschungs- und Lehrtätigkeit im Business-Sektor hat Collins ein Faible für den sozialen Bereich, darunter Bildung und Erziehung, Gesundheits- und Staatswesen, glaubensbasierte Organisationen, Sozialprojekte und von Idealismus getriebene Non-Profit-Organisationen.

2012 und 2013 wurde ihm die Ehre einer zweijährigen Berufung auf den *Class of 1951 Chair for the Study of Leadership* an der *United States Military Academy* von Westpoint zuteil. 2017 kürte das Magazin *Forbes* Jim Collins zu einem der *100 Greatest Living Business Minds*.

In über 40 Jahren als begeisterter Kletterer hat Collins sowohl den *El Capitan* als auch den *Half Dome* im *Yosemity Valley* in Ein-Tages-Touren bezwungen.

Mehr über Jim Collins und seine Ideen erfahren Sie auf seiner Webseite www.jimcollins.com. Dort finden Sie Artikel, Videos und allerlei nützliche Hilfsmittel.